农作物秸秆还田
现状分析与技术模式

CROP STRAW RETURN TO THE FIELD:
STATUS AND MODELS

孙元丰　　薛颖昊　　徐志宇 ◎ 主编

中国农业出版社
北　京

编　委　会

前　言

　　秸秆是农业生产的副产物，也是重要的农业资源。近年来，党中央、国务院高度重视秸秆综合利用工作，习近平总书记多次对秸秆资源化利用作出重要指示。秸秆综合利用是农业生产中的重要一环，是农业生态环境保护的关键内容。推进农作物秸秆利用更加科学、更加高效已成为保障粮食安全、推进农业绿色发展和实现乡村全面振兴的重要任务。

　　秸秆形成的过程中需要从农田中吸收大量营养元素，将秸秆归还到农田中，可以分解释放大量有机物质和其他养分，实现培肥土壤、稳产增产的目的，符合农业绿色低碳、生态循环的发展要求。目前，还田是秸秆最主要的利用方式。2022 年，全国秸秆直接还田量达 3.82 亿 t，占秸秆可收集量的 52.3%。如何实现秸秆科学还田，最大限度发挥秸秆的沃土功能及增产功能，并有效规避不利影响，是当前发展生态循环农业面临的重要问题。

　　近二三十年，在各级、各地农业农村部门大力推动下，秸秆还田工作全面铺开，在科学认知、技术集成、模式推广、政策创设等方面取得显著进展。本书系统分析了我国农作物秸秆还田利用现状，梳理了国内外秸秆还田热点研究方向、法律法规、政策和标准，基于文献分析和定位监测深入研究了秸秆还田生态环境效应，总结了秸秆还田典型技术模式及案例，剖析了当前面临的形势，在此基础上提出进一步推进秸秆还田的思路措施。

在成书过程中，农业农村部秸秆综合利用专家指导组及秸秆还田定位监测网络相关专家提供了宝贵的资料和修改建议，多个省（自治区、直辖市）及北大荒农垦集团有限公司牵头秸秆综合利用相关部门为典型模式收集提供了大力支持，本书还得到国家现代农业产业技术体系（CARS-12）及"十四五"国家重点研发计划课题"秸秆减排效应评价与循环利用成套解决方案及示范"（2023YFD1701505）等的支持，在此由衷表示感谢。

由于编者专业知识水平和编写时间有限，书中难免存在疏漏与不足之处，敬请广大读者与同行批评指正，并提出宝贵建议，鞭策我们持续修订完善。

编　者
2024 年 9 月 3 日

目 录

第一章　农作物秸秆还田利用现状

第一节　农作物秸秆还田的重要意义

秸秆是农作物的副产物，也是重要的农业生物质资源。我国农作物秸秆资源丰富，产生量大，种类多，分布广。近年来，我国粮食生产连年丰收，2023 年我国粮食产量超过 1.39 万亿斤 *，连续 9 年站稳 1.30 万亿斤台阶，与此同时，农作物秸秆产生量也在逐年递增。根据 2022 年农业农村部秸秆资源台账统计数据，秸秆还田是秸秆利用的最主要方式，全国秸秆直接还田量占秸秆可收集量的 52.3%，科学合理地进行秸秆还田对资源高效利用及农业可持续发展具有重要的意义。

一、补充土壤有机质

秸秆中含有大量的纤维素、半纤维素和木质素等有机质，还田后不仅可以增加输入土壤的植株残体碳源，还可以通过提高土壤微生物和群落多样性，形成土壤大团聚体，促进外源有机质转化为土壤有机质（高俊等，2023）。土壤有机质是农田肥力的基础与核心，也是评价土壤质量与功能的重要指标，因此，秸秆还田已成为培肥土壤的重要农田管理措施。总体而言，秸秆还田能够显著提高土壤有机碳及其各活性组分含量，包括微生物生物量碳（主要指微生物

---

* 斤为非法定计量单位，1 斤＝1/2kg。——编者注

1

体内的碳）及土壤颗粒碳（大粒径土壤中的有机碳）等。在作用机制上，除了秸秆还田腐解后秸秆本身有机质的输入以外，还田后的激发效应也越来越受到关注。秸秆还田通过向土壤输入外部有机物质，引起土壤中原有有机质分解，本底有机质矿化速率加快，微生物活性提高，进而促进作物秸秆中的养分和可溶性有机物质被释放到土壤中（Liu et al.，2022；张叶叶等，2021）。

黑龙江集贤、吉林梨树、辽宁铁岭、内蒙古科右前旗等地秸秆还田土壤质量定点监测数据显示，土壤有机质含量较不还田土壤平均提高了 0.3～0.5g/kg，在辽宁沈阳开展的为期 8 年的玉米秸秆覆盖田间试验结果表明，与对照相比，玉米秸秆覆盖还田有利于土壤有机质的固存，延长了土壤有机质的滞留时间（Liu et al.，2019）。稻麦两熟区 2009—2018 年连续 10 年的田间定位试验结果也表明，秸秆还田显著提高了耕层土壤养分含量，增幅为11.2%～29.6%（周正萍等，2021）。湖北武穴、沙洋、武汉，江西进贤，湖南望城等地的长期定位试验结果显示，长期秸秆还田土壤有机质含量年均提高 0.1～0.5g/kg。对于主要粮食作物而言，小麦和玉米等农作物的秸秆还田后能够显著提高土壤有机质含量，提升幅度为 7.8%～39.0%（胡国平，2012；朱兴娟等，2018；王月宁等，2019）。在水稻秸秆还田条件下，与未还田地块相比，土壤有机质含量可提高 40%～74%（赵子婧等，2022）。此外，基于 Meta 分析（又称荟萃分析、整合分析等，指利用公开发表的研究数据，经统计分析和汇总后得出综合效应结论的分析方法）的结果也表明，秸秆翻埋还田和覆盖还田均能显著提高 0～20cm 表层土壤的有机碳含量（Huang et al.，2021）。

二、补充土壤矿质营养

秸秆中除了含有有机质以外，还含有丰富的氮、磷、钾、钙、镁和微量元素。秸秆还田后在腐熟过程中会逐渐将矿质营养元素释放在土壤中，补充土壤肥力。我国主要粮油作物水稻、小麦、玉米、大豆、马铃薯及油菜秸秆中均含有丰富的营养元素（表 1-1）。其中，马铃薯秸秆中矿质元素含量最高，三大粮食作物中玉米秸秆中氮、磷含量较高，水稻秸秆中钾含量较高。

表 1-1   主要农作物秸秆矿质元素含量（％，烘干基）

农作物类型	碳	氮	磷	硫	钾	钙	镁
水稻	41.76	0.91	0.13	0.14	1.87	0.61	0.22
小麦	39.93	0.65	0.08	0.10	1.05	0.52	0.17
玉米	44.41	0.92	0.15	0.09	1.19	0.54	0.22
大豆	45.28	1.81	0.20	0.21	1.17	1.71	0.48
马铃薯	36.67	2.65	0.27	0.37	3.96	3.03	0.58
油菜	44.90	0.87	0.14	0.44	1.94	1.52	0.25

数据来源：中国有机肥料养分数据库。

秸秆还田对氮、磷、钾的补充作用在不同区域的大田试验中已得到充分验证。例如，在东北盐碱区开展的水稻秸秆还田试验结果表明，不同秸秆还田水平下，土壤铵态氮和硝态氮含量均显著增加（Che et al.，2023）。长江中游地区玉米—水稻轮作制度下两季秸秆还田处理可以使 $0 \sim 20$cm 土层土壤矿化氮含量提高 10% 左右（Han et al.，2020）。与传统种植相比，秸秆还田使春、秋玉米田土壤全氮含量提高了 6.0%～7.1%（Yang et al.，2022）。需要注意的是，秸秆还田初期微生物分解时需要利用一定量的氮，即"与作物争氮"，但一段时间后微生物会死亡释放固持的氮，称为微生物氮的矿化释放，可供作物吸收利用，且秸秆自身也含有一定量的氮，秸秆腐解后氮也会被释放出来，可以增加农田土壤氮的供应量。从时间轴上来看，秸秆还田初期会与微生物争氮，而在作物生长中后期微生物会为其供应氮。在生产管理上可通过"后氮前移"来解决，即将原来用于中后期每亩追肥的氮转移 30% 左右到基肥，不增加氮肥总量。东北盐碱区水稻秸秆还田可使土壤有效磷增加 25% 左右（Che et al.，2023）。长江中游地区玉米、水稻秸秆还田能够使 $0 \sim 20$cm 土层土壤有效磷提高 40% 左右（Han et al.，2020）。连续多年玉米秸秆还田可以显著提高土壤有效磷含量（宋

3

慧宁，2023）。由于秸秆中含有大量的钾元素，秸秆还田对土壤钾有良好的补充作用，鲁剑巍等在长江中下游稻作区进行了一系列大田试验，有力证实了秸秆还田对钾肥有显著的替代效果（刘秋霞等，2015；李继福等，2014）。秸秆还田对土壤养分的补充效果受还田方式、耕作方式等诸多因素的影响。相关研究结果表明，旋耕秸秆粉碎还田处理的养分分解率和养分释放率、土壤全氮含量均最高（Yang et al.，2023）。

秸秆还田对土壤有机质的补充使得其可以作为化肥减量替代的重要途径。侯素素等（2023）以水稻、小麦、玉米、油菜4种主要粮油作物为研究对象，基于近20年公开发表的数据和2013—2021年湖北省32个秸秆还田田间试验数据，对田间生产条件下主要农作物秸秆还田化肥替减氮肥、磷肥、钾肥比例进行了计算，在此基础上评估了区域尺度的秸秆还田化肥节本潜力。结果表明，4种作物秸秆还田平均可替减氮肥12.2%、磷肥23.9%、钾肥43.5%。不同轮作制度下，水旱轮作体系（水稻单作和稻油轮作）氮肥、磷肥替减率较旱地轮作体系（麦玉轮作和玉米单作）分别高出5.0～12.9、18.0～24.8个百分点。基于2020年各农作物种植面积和化肥消费量，中国水稻季、小麦季、玉米季、油菜季秸秆还田可减施氮（N）、磷（P_2O_5）、钾（K_2O）量分别为239.48×10^4 t、227.73×10^4 t、451.98×10^4 t，占当前氮肥、磷肥、钾肥消费量的12.6%、25.0%和48.5%，化肥节本可达到478.98亿元每年。

三、保障土壤生命及其健康

秸秆还田对土壤生命及其健康的保障作用主要体现在两个方面：①为土壤动物和微生物等提供食物，维持土壤生物多样性；②对土壤重金属的吸附作用及对土壤质地的改良作用。

农田土壤中既有蚯蚓、线虫等小型动物，也有细菌、真菌等微生物，土壤生物是土壤微食物网的重要组成部分，在土壤养分循环中承担着重要的作用，土壤生物多样性的高低是评价农田生态系统质量和土壤环境优劣的重要指标。秸秆可以为土壤生物提供食物、庇护所和栖息地，因此秸秆还田有利于维持菌群的稳定，以提升土壤生物多样性。研究表明，不同的秸秆还田方式会对土壤微生物造成影响，如秸秆还田配施肥料可以提高有益菌群的种类和丰度，进而促进作物健康和提高作物产量（任洪利等，2022）。与未进行水稻秸秆还田的对照相比，水稻秸秆还田后土壤动物群落结构更加丰富，但不同的还田方式及还田时间对土壤动物群落结构的作用程度也有差别（苟丽琼等，2019）。东北地区稻田试验研究结果表明，连续两年的秸秆还田可以显著增加土壤线虫多度至 287%（罗亦夫，2023）。麦玉轮作区小麦、玉米秸秆还田也能增加土壤线虫的种类和数量（饶继翔等，2020）。基于 25 篇田间试验文献的整合分析结果也表明，秸秆还田有助于提高农田土壤节肢动物的数量和多样性，但此效应会受到气候因子及农田管理方式的影响（杨家伟等，2023）。

此外，秸秆还田可以通过改善土壤理化性质和土壤微生物群落结构等，创造不适合土传病原微生物繁衍和侵染的环境，主要作用机制包括土壤微生态环境改变、微生物拮抗、强还原土壤灭菌以及秸秆腐解产物的毒害抑制等。如秸秆还田能显著影响土壤结构和水气条件，改善微生物的生存环境，并为其生长提供足够的碳源，可促进土壤拮抗微生物群体增加，增强对土传病原菌的拮抗作用，进而有效地控制病害的发生（陈丽鹏等，2018）。

将秸秆制成生物质炭还田后对土壤重金属治理具有一定的效果。这可能是由于生物质炭孔隙度较高，对重金属具有很强的吸附作用。例如，有研究表明，施用 5% 油菜籽残渣制成的生物质炭，可以减少玉米植株对重金属铜和铅的吸附（Salam et al.，2019）。向镉污染土壤中施用以鸡粪或油菜秸秆为原料制成的生物质炭，可以显著降低镉的生物有效性，但同时生物质炭的加入会显著提高土壤 pH，阻碍指示生物玉米的生长，因此采用添加生物质炭减轻泥炭土中的镉污染时需要非常谨慎（Zhao et al.，2016）。向淹水水稻土中施用秸秆生物质炭，可以促进铁、硫的迁移和转化，从而促进稻田土壤中镉的固定（Yuan et al.，2023）。此外，有研究表明，施加秸秆生物质炭对土壤铝毒具有一定缓解效果（董颖，2018）。

在土壤质地改良方面，大量研究表明，秸秆还田可以通过改变土壤 pH 等途径改良土壤质地。基于湖北省稻油轮作区大田试验，发现紫云英绿肥或油菜及水稻秸秆还田可以缓解化肥引起的土壤酸化（连泽晨，2016）。以从江西鹰潭、安徽宣城、江苏南京和江苏淮阴 4 个地区收集的油菜秸秆为原料制备生物质炭，发现油菜秸秆生物质炭还田可以显著改良酸性红壤，同时对铝毒具有缓解效果（董颖，2018）。以秸秆和鸡粪为主要原材料腐解发酵制成生物有机肥，施用后可以有效提高土壤有效养分、改良土壤理化性质、提高作物产量（兰时乐，2009）。秸秆生物质炭还可以增加土壤孔隙度、增强土壤持水性（Yang et al.，2021）。此外，秸秆还田对旱地及稻田土壤团聚体的稳定有重要促进作用（Huang et al.，2017）。

盐碱地是我国重要的后备耕地资源，对盐碱化耕地的改良利用对于保障我国粮食安全具有重要现实意义。以往的研究表明，秸秆还田可降低耕层土壤盐分累积，在盐碱地改良方面发挥着积极作用。基于黑龙江大庆地区的大田试验研究结果显示，秸秆还田可有效减轻苏打盐碱土的碱害和盐害，促进玉米生长，提高玉米产量（顾鑫，2024）。连续秸秆还田可以降低苏打盐碱水稻土碱解氮含量，增加全磷、有效磷和速效钾含量，并影响真菌的群落结构（李红宇等，2021；赵哲萱等，2023）。此外，秸秆还田还能够提高苏打盐碱地稻田土壤脲酶、蔗糖酶、过氧化氢酶和碱性磷酸酶等的活性（朱晶，2019）。在内蒙古土默川平原的试验结果表明，秸秆还田在短期内可以促进盐碱土团聚体对有机碳的固定，但不改变有机碳化学结构特征（裴志福等，2021）。在西北地区，秸秆覆盖还田及翻压还田能改善新疆盐碱土颗粒微观结构和团聚体粒径组成，增强降盐保水作用（张曼玉等，2022）。

第二节　全国秸秆还田利用基本情况

一、概述

农作物秸秆还田包括直接还田和间接还田。直接还田主要包括秸秆旋耕还田、翻埋还田、覆盖还田等。间接还田是以秸秆离田（秸秆收储运）为先决条件，然后对其加以肥料化利用的还田方式，主要包括秸秆过腐还田、堆沤还田、生物反应堆还田、秸秆商品有机肥还田等。全国农作物秸秆资源台账数据显示，2021 年全国秸秆还田量约 4.41 亿 t，秸秆还田率（即秸秆还田量占可收集量的比例）为 60.0%。2019—2021 年，全国秸秆还田量与秸秆还田率呈下降趋势。2021 年秸秆还田量比 2019 年和 2020 年分别减少 0.12 亿 t 和 0.08 亿 t，秸秆还田率分别下降 2.0 个和 2.1 个百分点（图 1-1）。

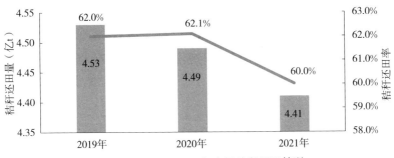

图 1-1 2019—2021 年全国秸秆还田情况

（一）直接还田

直接还田是我国秸秆还田的基本方式和主导方式。2021 年，全国秸秆直接还田量约 4.02 亿 t，秸秆直接还田率约 54.7%。总体来看，2019—2021 年全国秸秆直接还田量与秸秆直接还田率均呈下降趋势（图 1-2）。2021 年全国秸秆直接还田量较 2019 年和 2020 年分别减少 0.09 亿 t 和 0.06 亿 t，秸秆直接还田率分别下降 1.6 个和 1.8 个百分点。

（二）间接还田

2019—2021 年，全国秸秆间接还田量与秸秆间接还田率呈逐年下降趋势（图 1-3）。2021 年：全国秸秆间接还田量约 3 913 万 t，分别较 2019 年和 2020 年减少 276 万 t 和 152 万 t；秸秆间接还田率约 5.3%，分别较 2019 年和 2020 年下降了 0.4 个和 0.3 个百分点。

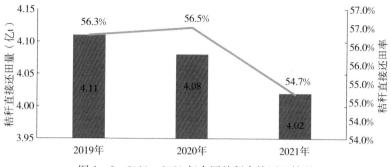

图 1-2 2019—2021 年全国秸秆直接还田情况

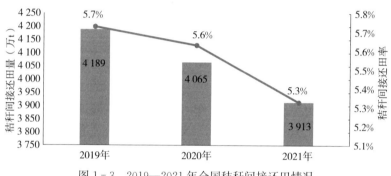

图 1-3 2019—2021 年全国秸秆间接还田情况

（三）还田结构

从秸秆还田结构来看，全国秸秆还田以直接还田为主、间接还田为辅，且 2019—2021 年秸秆直接还田量与间接还田量之间的比例呈逐年上升趋势。2019 年，全国秸秆直接还田量与间接还田量之比为 9.8∶1，2020 年和 2021 年分别增长至 10.0∶1 和 10.3∶1。

二、不同区域秸秆还田利用情况

秸秆产生和利用与区域地形地貌、自然条件、农业活动、经济特点有密切关系，因而具有广泛的区域差异性（石祖梁等，2019）。受不同区域的气候条件、土壤状况、种植制度等因素影响，我国主要农区秸秆还田利用状况的差异也较大。东北地区主

8

要农作物包括玉米、水稻及大豆，种植方式主要有玉米连作、水稻连作及玉米—大豆轮作等。根据不同地区地形和水热条件，秸秆还田类型有差异，主要包括免耕覆盖还田、翻埋还田、深松碎土还田等还田技术类型。华北地区主要粮食作物为小麦、玉米，种植方式主要是小麦—玉米轮，对应的秸秆还田方式主要包括粉碎覆盖还田、旋耕还田及翻埋还田等。长江中下游地区主要农作物为小麦、水稻和油菜，主要种植方式为水稻—小麦轮作、水稻—油菜轮作、双季稻及水稻—水稻—油菜轮作等，秸秆还田方式主要为覆盖还田、旋耕还田。华南地区粮食作物以水稻为主，且双季稻面积较大，对应的秸秆还田方式主要为旋耕还田和翻埋还田。西北地区以旱地为主，主要农作物为小麦、玉米和棉花，主要种植方式包括小麦—玉米轮作、棉花连作等，秸秆还田类型包括旋耕还田及深翻还田等。西南地区主要农作物为水稻和油菜，种植方式以水稻—油菜轮作为主，秸秆还田方式主要为旋耕还田。

从各地区秸秆还田量来看，华北地区、长江中下游地区和东北地区秸秆还田量较大，西北地区、西南地区和华南地区秸秆还田量则相对较小。2019—2021 年，华北地区和长江中下游地区秸秆还田量均在 1 亿 t 以上。其中：2021 年华北地区秸秆还田量达 1.45亿 t，在全国占比约为 33.0%；长江中下游地区秸秆还田量在 1.1亿 t 左右，在全国的占比保持在 25.0%左右；东北地区秸秆还田量在 8 000 万～9 000 万 t，在全国的占比在 17.0%～21.0%。以上区域秸秆还田量大与区域本身粮食播种面积广、秸秆产生量大有关。另外，东北地区大力实施保护性耕作措施，而秸秆覆盖还田是保护性耕作措施的重要环节。因此，这也是东北地区秸秆还田量大的重要原因。西北地区、西南地区和华南地区秸秆还田量均在 3 000 万 t左右，在全国的占比均不超过 9%（图 1-4）。对于西北地区而言，由于畜牧业相对发达，而处理后的玉米秸秆和小麦秸秆可以作为优质的牲畜粗饲料原料，是较为短缺的饲料资源。因此，相比于其他地区，西北地区秸秆还田量较小。西南和华南地区农作物播种面积相对较小，且这些地区在耕作制度上常采用两熟制或者多熟制，茬口紧，秸秆腐解时间短，未及时腐解的秸秆残留物可能影响下茬作物播种，因此秸秆还田难度较高。另外，西南和华南地区多山地丘陵地形，田块面积小、地形复杂、秸秆还田机械化作业难度大，也可能是影响秸秆还田的重要因素。

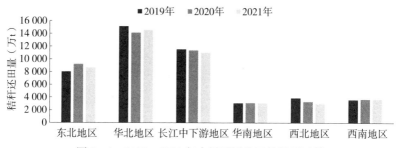

图1-4 2019—2021年全国不同地区秸秆还田量

从各地区秸秆还田量变化趋势来看，2019—2021年，长江中下游地区和西北地区秸秆还田量呈逐年下降趋势，其他地区为不规则性波动。其中，西北地区秸秆还田量下降幅度最大，2021年分别较2020年和2019年下降了328万t和899万t，下降幅度分别达到9.9%和23.1%（图1-4）。这可能是由于西北地区秸秆饲料缺口较大，秸秆饲料化利用量逐年增加。

从各地区秸秆还田率来看，2019—2021年，华北地区、华南地区和长江中下游地区每年的秸秆还田率在67%~75%，均高于当年全国平均水平。其中，华北地区秸秆还田率相对较高，2019—2021年秸秆还田率分别为74.2%、74.7%和72.2%。西南地区、西北地区和东北地区每年的秸秆还田率在43%~54%，均低于当年的全国平均水平（图1-5）。

从各地区秸秆还田率变化趋势来看，2019—2021年西北地区秸秆还田率持续下降，由2019年的52.4%下降至2020年的49.1%和2021年的43.4%，这与西北地区秸秆饲料化利用逐年增加有关。其他地区有升有降，年际变化规律不明显（图1-5）。

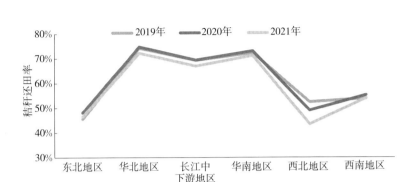

图 1-5 2019—2021 年全国不同地区秸秆还田率

（一）直接还田

全国范围内，华北地区、东北地区和长江中下游地区秸秆直接还田量较大，西北地区、西南地区和华南地区相对较小。

从各地区秸秆直接还田量（图 1-6）来看，2019—2021 年，华北地区秸秆直接还田量均在 1.3 亿 t 以上，在全国的占比在 33%～37%。长江中下游地区秸秆直接还田量在 1.0 亿 t 左右，在全国的占比基本保持在 25% 左右。东北地区秸秆直接还田量在 7 000 万～8 000 万 t，在全国的占比在 17%～21%。西北地区、西南地区和华南地区秸秆直接还田量均在 3 000 万 t 左右，在全国的占比均未超过 9%。

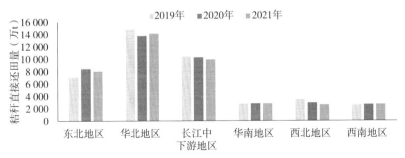

图 1-6 2019—2021 年全国不同地区秸秆直接还田量

从各地区秸秆直接还田量变化趋势（图1-6）来看，2019—2021年，长江中下游地区和西北地区秸秆直接还田量呈逐年下降趋势，其他地区为不规则波动。其中，西北地区秸秆直接还田量下降幅度最大，2021年较2019年下降了25.1%。西北地区秸秆直接还田量下降一方面是因为畜牧业发达，秸秆饲料化利用量增大，另一方面是因为西北地区较为干旱，秸秆直接还田腐解慢，直接还田对土壤的培肥效果有限。

从各地区秸秆直接还田率（图1-7）来看，2019—2021年，华北地区每年的秸秆直接还田率居全国首位，华南地区和长江中下游地区的秸秆直接还田率均达60.0%以上，高于当年全国平均水平。西南地区、西北地区和东北地区每年的秸秆直接还田率在37.0%～47.0%，均低于当年的全国平均水平。

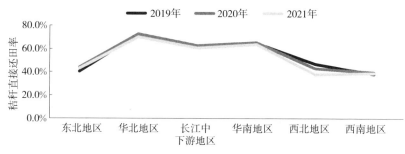

图1-7　2019—2021年全国不同地区秸秆直接还田率

从各地区秸秆直接还田率变化趋势来看，2021年，华北地区秸秆直接还田率由2019年和2020年的72.7%下降为70.1%，这可能是由于近年来华北地区持续开发秸秆饲料化、基料化等其他高值化利用途径，用于直接还田的秸秆相对减少。2019—2021年，西北地区秸秆直接还田率持续下降，由2019年的46.8%下降至2020年的43.0%和2021年的37.8%，在全国各地区中为最低，这与该区畜牧养殖业较为发达有关，随着秸秆饲料化开发利用技术逐渐成熟，用于制作牲畜粗饲料的秸秆相对增加，直接还田的秸秆比例下降。其他地区秸秆直接还田率在2019—2021年呈不规则波动（图 1-7）。

（二）间接还田

全国不同地区，长江中下游地区和西南地区秸秆间接还田量较大，其他地区相对较小。

从各地区秸秆间接还田量来看，2019—2021 年，长江中下游地区和西南地区秸秆间接还田量均在 1 000 万 t 以上，在全国的占比均在 25％以上。其次为东北地区，秸秆间接还田量在 650 万～950 万 t，在全国的占比在 16％～23％。西北地区、华南地区和华北地区秸秆间接还田量在 300 万～450 万 t，在全国的占比在 7％～12％（图 1-8）。长江中下游地区和西南地区在种植制度上一般采用两熟制或者三熟制，上茬作物收获和下茬作物种植间隔时间短，秸秆间接还田，如离田堆肥后还田，可以更好地保障下茬作物种植不受影响。相比较而言，东北地区和华北地区尽管秸秆还田总量较大，但秸秆间接还田量较低，反映了这些地区秸秆间接还田路径亟待开发。

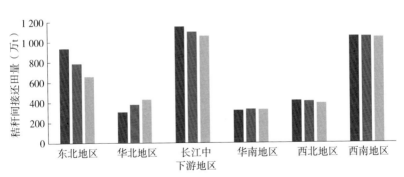

图 1-8 2019—2021 年全国不同地区秸秆间接还田量

从各地区秸秆间接还田量变化趋势来看，2019—2021 年，东北地区、长江中下游地区、西北地区和西南地区年秸秆间接还田量均呈逐年下降趋势，其中，东北地区下降幅度最大，2021 年较

2019 年下降 30%，相比之下，华北地区年秸秆间接还田量呈逐年上升趋势（图 1-8），说明近年来华北地区在逐渐拓宽秸秆间接还田途径、增加秸秆多元化利用方式。

从各地区秸秆间接还田率来看，2019—2021 年，西南地区每年的秸秆间接还田率均远高于全国平均水平，在 15.0% 左右。其次为华南地区、长江中下游地区和西北地区，秸秆间接还田率在 5.6%～8.0%，均达到或超过全国平均水平。东北地区和华北地区每年的秸秆间接还田率在 1.5%～5.5%，均低于全国平均水平（图 1-9）。

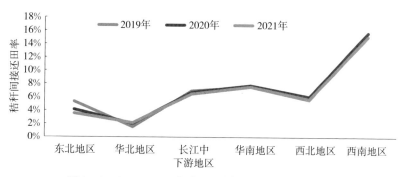

图 1-9　2019—2021 年全国不同地区秸秆间接还田率

从各地区秸秆间接还田率变化趋势（图 1-9）来看，2019—2021 年东北地区、长江中下游地区秸秆间接还田率均持续下降，其中，东北地区由 2019 年的 5.3% 分别下降至 2020 年的 4.1% 和 2021 年的 3.5%。由于东北地区持续推行保护性耕作措施，秸秆直接免耕覆盖还田力度大，间接还田路径未得到大规模扩展。华北地区秸秆间接还田率持续增长，由 2019 年的 1.5% 增长至 2020 年的 2.0% 和 2021 年的 2.1%，华北地区拓展秸秆间接还田路径成效明显。2019—2021 年其他地区秸秆直接还田率基本持平。

（三）还田结构

从秸秆还田结构来看，各地区秸秆还田均以直接还田为主、间接还田为辅。首先，华北地区秸秆直接还田量与间接还田量之比最高，远高于全国平均水平，且该比例在 2019—2021 年呈下降趋势，由 2019 年的 48.4∶1 分别下降至 2020 年的 36.0∶1 和 2021 年的 32.8∶1。其次为东北地区、长江中下游地区、华南地区和西北地区。2019 年，东北地区秸秆直接还田量与间接还田量之比为 7.6∶1，2020 年和 2021 年持续增长，分别提高至 10.7∶1 和 12.2∶1；长江中下游地区秸秆直接还田量与间接还田量之比为 9.0∶1，2020 年和 2021 持续增长，分别提高至 9.3∶1 和 9.4∶1；华南地区秸秆直接还田量与间接还田量之比为 8.6∶1，2020 年和 2021 年分别下降至 8.4∶1 和 8.5∶1；西北地区秸秆直接还田量与间接还田量之比为 8.3∶1，2020 年和 2021 年持续下降，分别降低至 7.1∶1 和 6.6∶1。西南地区秸秆直接还田量与间接还田量之比最低，2019 年仅为 2.4∶1，2020 年和 2021 年持续增长至 2.5∶1 和 2.6∶1，远低于全国平均水平。以上地区秸秆还田结构表明，华北地区直接还田秸秆占比较大，但近年来在向间接还田倾斜。而西南地区间接还田秸秆占比较大，这与西南地区肥-饲结合等多元化秸秆利用途径发展情况有关。

三、分作物还田利用情况

（一）直接还田

从主要农作物秸秆直接还田量（图 1-10）来看，玉米秸秆、水稻秸秆和小麦秸秆直接还田量相对较高。2019—2021 年：玉米秸秆年直接还田量稳定在 1.20 亿 t 左右，占主要作物秸秆年直接还田总量的 30% 左右；水稻秸秆年直接还田量约 1.10 亿 t，占主要作物秸秆年直接还田总量的 27% 左右；小麦秸秆年直接还田量约 1.0 亿 t，占主要作物秸秆年直接还田总量的 26% 左右。上述三大粮食作物年秸秆直接还田量占主要作物秸秆年直接还田总量的比例为 84% 左右。除粮食作物以外，棉花和油菜秸秆还田量也相对较大。棉花秸秆年直接还田量在 1 400 万～2 400 万 t，且呈逐年下降趋势，占主要作物秸秆年直接还田总量的比例也由 2019 年的 5.7% 下降至 2020 年的 4.1% 和 2021 年的 3.5%。油菜秸秆年直接还田量在 1 000 万～1 300 万 t，且呈逐年增长趋势，占主要作物秸秆年直接还田总量的比例由 2019 年的 2.6% 增长至 2020 年的 2.7% 和 2021 年的 3.0%。大豆秸秆年直接还田量在 900 万～1 300 万 t，占主要作物秸秆年直接还田总量的 2.5% 左右。马铃薯、花生、甘薯等其他农作物秸秆每年的直接还田量均不足 600 万 t。

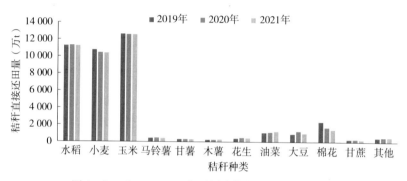

图 1-10　2019—2021 年不同农作物秸秆直接还田量

　　从不同作物的秸秆直接还田率（图 1-11）来看，小麦秸秆、棉花秸秆和水稻秸秆直接还田率较高。2019—2021 年，上述 3 类秸秆直接还田率均保持在 65.0%～77.0%。其中，小麦秸秆直接还田率呈逐年下降趋势，由 2019 年的 76.9% 分别下降至 2020 年的 75.2% 和 2021 年的 73.7%。小麦秸秆作为优质的粗饲料原料，近年来在饲料化利用方向发展迅速，因此，其直接还田量和直接还田率呈现下降趋势可能是由于被用于饲料化的量增加。仅次于小麦秸秆直接还田率的作物分别为木薯、大豆、油菜、马铃薯、甘蔗和玉米，秸秆直接还田率均保持在 40.0%～58.0%。甘薯秸秆直接还田率保持在 37.0% 左右。花生秸秆直接还田率最低，每年秸秆直接还田率在 19.0%～23.0%。现有研究表明，花生秸秆本身蛋白质含量高，且适口性好，可以生产加工成优质的秸秆饲料，因此，花生秸秆直接还田率相对较低。

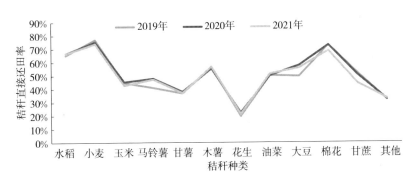

图 1-11　2019—2021 年不同农作物秸秆直接还田率

（二）间接还田

从不同作物秸秆间接还田量（图 1-12）来看，玉米秸秆和水稻秸秆间接还田量相对较高。2019—2021 年：玉米秸秆间接还田量在 1 400 万～1 800 万 t，占主要作物秸秆间接还田总量的 40％左右；水稻秸秆间接还田量约 1 200 万 t，占主要作物秸秆间接还田总量的 30％左右。其次为小麦和油菜。其中，小麦秸秆间接还田量在 290 万～390 万 t，占主要作物秸秆间接还田总量的比例在 7％～10％。三大粮食作物秸秆间接还田量占主要作物秸秆间接还田总量的比例达到 75％以上；油菜秸秆间接还田量在 260 万～310

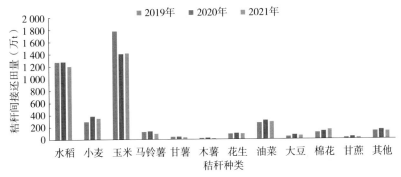

图 1-12　2019—2021 年不同农作物秸秆间接还田量

万 t，占主要作物秸秆间接还田总量的比例约为 7%。棉花、马铃薯秸秆间接还田量在 100 万～200 万 t，占主要作物秸秆间接还田总量的比例约为 3%。大豆、花生、甘薯、木薯、甘蔗等其他农作物秸秆每年的间接还田量均不足 100 万 t。

从不同农作物的秸秆间接还田率（图 1-13）来看，油菜秸秆、马铃薯秸秆和水稻秸秆间接还田率较高，小麦秸秆和大豆秸秆间接还田率较低。2019—2021 年，油菜秸秆、马铃薯秸秆和水稻秸秆间接还田率均超过主要农作物秸秆间接还田率的平均水平。其中，油菜秸秆间接还田率为 12.0%～14.0%，马铃薯秸秆间接还田率为 10.0%～14.0%，水稻秸秆间接还田率为 7.0%～7.5%。之后为玉米秸秆、甘蔗秸秆和棉花秸秆。其中：玉米秸秆间接还田率在 4.5%～6.5%，且呈逐渐下降趋势；棉花秸秆间接还田率在 3.0%～8.0%，且呈逐渐增长趋势；甘蔗秸秆间接还田率在 4.0%～6.0%。小麦和大豆秸秆间接还田率均在 2.0%～4.0%。其中，大豆秸秆间接还田率呈逐年增长趋势，由 2019 年的 2.5% 增长至 2020 年的 3.4% 和 2021 年的 3.7%。

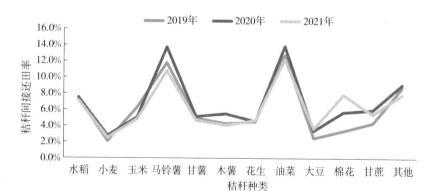

图 1-13　2019—2021 年不同农作物秸秆间接还田率

（三）还田结构

从秸秆还田结构来看，各类主要农作物秸秆还田以直接还田为主、间接还田为辅。其中，小麦秸秆、大豆秸秆和木薯秸秆直接还田量与间接还田量之比较高。2019—2021 年，小麦秸秆直接还田量与间接还田量之比在（27.4∶1）～（36.9∶1）波动；大豆秸秆直接还田量与间接还田量之比在（15.2∶1）～（19.9∶1），且呈逐年下降趋势；木薯秸秆直接还田量与间接还田量之比在（10.1∶1）～（14.0∶1）不规则波动。马铃薯、油菜、花生等秸秆直接还田量与间接还田量之比相对较低，基本在（3.0∶1）～（5.0∶1）不规则波动。

第三节　外国秸秆还田的做法与经验

一、美国

秸秆还田是美国最主要的秸秆处理方式。20 世纪 30 年代的"黑风暴"事件后，为了保持水土、提升地力，美国逐步创立了以秸秆、残茬覆盖和免耕播种为核心的保护性耕作制度（金攀，2010）。按规定，保护性耕作最少要有 30% 的秸秆留在田里，而传统的耕作方式秸秆还田的比例通常低于 15%（吕开宇等，2013）。从 20 世纪 80 年代中期开始，美国政府颁布了一系列政策，积极推动免耕、垄耕、旋耕等保护性耕作。越来越多的农民选择把玉米秸秆留在地里而不是焚烧，从而提高了秸秆直接还田的比例。美国农民通常使用机械设备将秸秆碎成细小的颗粒，并将其归还到土壤中，以提高土壤有机质含量和农作物产量。2009—2018 年，美国玉米带的 12 个州保护性耕作应用比例在 87% 左右，其中 2013 年保护性耕作应用比例达到 90.72%（刘鹏等，2020）。目前，保护性耕作被逐步推广应用到 70 多个国家和地区（毕于运等，2017），已发展成美国、澳大利亚、加拿大等国的主流耕作制度。

在政策与法律法规方面，保护性耕作被作为系统工程推行。美国政府通过立法规定对高侵蚀土地强制采取保护性耕作（金攀，2010）。美国 1935 年颁布第一部土壤保护法，要求农场主尽可能采用能够保护土壤的措施。1972 年农村发展法规定在易受侵蚀的地方，如果不采用保护性耕作相关技术措施，将得不到政府的任何补贴。1985 年美国国会通过食品安全法，规定政府农业亏损补贴、农业贷款、储蓄支付、联邦农业保险和补助等与土壤保护措施挂钩（林兴路，2014）。1999 年美国农业部发布首部针对农业焚烧管理的指导性文件《农业焚烧政策》，建议各州针对较大规模的农业焚烧制定各自的管理计划。按照要求，各州陆续出台了以减少农业焚烧污染为主要目标的《烟雾管理计划》（State Implementation Plan）。相关计划被美国环境保护部批准发布后，根据法律强制执行，具有极强的法律效力（覃诚等，2018）。

在资金补贴方面，美国建立农业保险政策，通过对购买免耕播种机具提供低息贷款或者一次性补助 300～430 美元/hm² 等方式来增强农场主购买农业机具的积极性，促使其实施保护性耕作（金攀，2010）。

在宣传引导方面，通过开展相关教育增强农民实施保护性耕作的主观意识。美国政府设立免耕播种协会，通过对实施保护性耕作的农场进行综合调查（应用效果数据采集、田间实地参观、免耕播种机操作培训等方式），以事实教育农场主实施保护性耕作与环境保护和自家农场土地可持续发展的关系，引导农场主自觉实施保护性耕作；成立农场主协会和各种形式的俱乐部，通过举办不同形式的研讨会，促进农场主之间的交流，加强对保护性耕作技术的宣传、培训（思远，2010）。例如，2008 年全球石油价格上涨后，美国农业部抓住机会大力宣传保护性耕作在减少作业工序和节能方面的效果，鼓励农场主采用保护性耕作，使得 2009 年美国保护性耕作应用面积有了新的增长（金攀，2010）。

与中国相比，美国秸秆还田具有以下两个优势：①美国推行土地休耕保护计划（Conservation Reserve Program）。美国农业的特点是地广人稀，已充分满足了粮食自给自足。所以，农场主通常不会连续几年在同一块土地上种植，而是会选择休耕，使得土壤中的秸秆有充分的时间腐熟，避免出现秸秆影响作物出苗、秸秆与作物争肥、秸秆携带虫卵引发后续虫害等情况。②高度机械化，美国农田的秸秆粉碎和翻耕都是由机械完成，可以达到相应的标准，从而

为秸秆充分腐熟创造了良好条件。

二、日本

秸秆直接还田是日本秸秆利用最主要的方式。据统计，日本2/3 左右的农作物秸秆被用于直接还田（周腰华等，2022），直接还田时以犁耕深翻还田和旋耕还田为主，二者占比之和约为 68%（杨滨娟等，2012）。水稻秸秆是日本农作物产生的主要秸秆类型，还田比例也为 68% 以上（周腰华等，2022；丛宏斌等，2021）。2008 年，日本水稻秸秆年产生量约为 905 万 t，其中 687 万 t 被直接用于还田，占比约为 75.9%（谢杰等，2022）。

日本政府高度重视秸秆还田工作，配套出台了一系列法律政策。2002 年出台《肥力促进法》，2012 年修订《肥料管理法》把秸秆直接还田作为农业生产中的法律执行；《可持续农业法》等相关法律法规对秸秆综合利用机械等农业机械的生产和使用进行了规范，制定实施目标，设立设备、机械的引进等计划，政府提供技术指导和金融信贷等支持（谢杰等，2022）。

除秸秆直接还田外，日本还注重秸秆堆肥还田。以厌氧性微生物菌剂为代表的秸秆处理技术，在农作物秸秆发酵堆肥方面取得了显著的成效。例如通过在秸秆上喷洒复合微生物菌剂，5～7d 后就能完成发酵堆肥，而且将其作为肥料施入土壤后能够增加土壤氮含量，有效减少病虫害发生，增加农作物的产量（谢杰等，2022）。为了促进秸秆腐熟还田，对于喷施石灰氮腐熟剂的种植户，日本政府按还田面积，给予一定补贴。对于购买相关还田机械的农民、农业合作社、企业、地方部门，政府都会给予一定的补贴。日本农业还田机械等购置补贴以外的费用由政府（或者银行）进行低息贷款予以解决，贷款利率比市场利率低 30%～60%。农业合作社、畜牧养殖户、堆肥利用团体等资源循环型农业推广利用主体，可以按43% 的比例向政府申请生产设施维护费用补贴，补贴费用 1 000 日元以内向上取整。除此之外，日本政府依托农民协会为农户提供农业机械信贷、技术培训、后期维修保养等社会化服务，以及出台减税和返还税款等优惠政策（韩剑锋，2012）。

三、韩国

韩国政府最初积极推广秸秆直接还田方式，对采取还田的农户，每亩补贴2万韩元（约合人民币100元）。但是，这种措施效果不佳。一方面，高额的补贴支出构成财政压力；另一方面，秸秆还田容易产生灌水上浮，影响插秧以及发酵放热，损伤秧苗等（周应恒等，2015）。因此，韩国通过特色养殖业强力带动"种养结合"，在农区推广稻麦-肉牛联营的模式：秸秆就地取材用作饲料从而降低肉牛养殖成本，小规模的肉牛养殖也便于排泄物就近还田减少污染（丛宏斌等，2021）。

目前，韩国的水稻、小麦秸秆已实现了全量化利用，近20%直接还田，80%以上作为牲畜饲料后可过腹还田再利用（周应恒等。2015）。韩国政府高度重视秸秆饲料加工技术研发与应用推广，不仅实现了稻麦收割、秸秆收集、喷氨、加菌、压缩、打包等各个环节的机械化，而且将各个环节流程化（曾福生，2020）。为促进秸秆饲料化高效循环利用，韩国政府对购买秸秆收储机械的农户实施财政直补政策，一套价值1.3亿韩元的分体式秸秆收储机械，可享受0.5亿韩元的政府补贴（周应恒等，2015）。在这一模式下，秸秆处理不仅可以节约政府的每亩2万韩元的还田补贴，而且会给不需要自用出售水稻秸秆的农户带来每亩3万韩元（约合人民币150元）的收入（周应恒等，2015）。

第二章 秸秆还田国内外主要研究方向

第一节 秸秆还田研究文献计量分析

国内外学者聚焦秸秆肥料化利用开展了广泛的研究工作，并发表了大量论文及专著。以 Web of Science 核心合集数据库（SCI-Expanded 数据库）和中国科学引文数据库（CSCD 数据库）为数据源，检索 1999—2019 年国内外有关秸秆肥料化利用的论文，对发文量、作者、机构等计量对象进行分析，系统总结秸秆肥料化利用领域的发展态势；借助关键词分析的可视化描述研究前沿与热点问题。

一、数据的获取与处理

1. 研究数据来源 本数据来源于 Web of Science 核心合集数据库和中国科学引文数据库，针对文献的篇名、摘要和关键词进行检索，中文文献围绕"秸秆""还田""生物质炭"等主题词的 59 个变形词或同义词制定检索式，英文文献围绕"straw""straw-returning""biochar"等主题词的 76 个变形词或同义词制定检索式。检索时间跨度为 1999—2019 年，检索文献类型为秸秆肥料化利用的所有文献类型，检索时间为 2019 年 10 月。经过筛选，删去与主题词无关的文献，最终得到 SCI-Expanded 论文 8 580 篇、CSCD 论文 5 128 篇。

2. 数据可视化 利用网络数据可视化和分析工具 Gephi

V0.9.2 开展高频关键词聚类分析与可视化展示。在聚类网络视图中：节点代表关键词，节点大小代表关键词的出现频率；节点之间连线的粗细代表不同关键词共同出现的次数，连线越粗代表共同出现的次数越多；节点的颜色层次代表不同的研究前沿领域，联系紧密的关键词被归为同一研究前沿热点。

二、结果与分析

1. 秸秆肥料化利用领域 1999—2019 年论文发表趋势 如图 2－1 所示，1999—2019 年来秸秆肥料化利用领域的发文总量和中英文发文总量的变化趋势基本一致，整体呈不断增长趋势（2019 年数据在获取时并非全年完整数据，因此暂不列入）。英文文献主要分为两个阶段，第一阶段为 1999—2005 年，英文文献发文数量呈缓慢上升阶段，发文量从 207 篇增加至 227 篇；第二阶段为2006—2018 年，英文文献发表量进入持续快速增长阶段，年发文量由 304 篇增加至 1 197 篇，年均增长率为 21.0%。中文文献主要

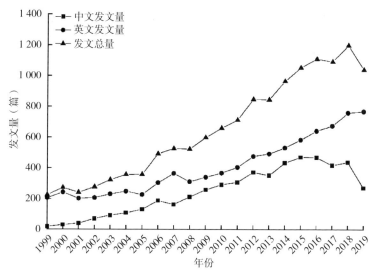

图 2－1 秸秆肥料化利用领域 1999—2019 年论文发表情况

分为两个阶段，第一阶段为 1999—2015 年，中文文献发文量呈快速增长趋势（除 2007 年和 2013 年外），发文量从 19 篇增加至 470 篇，截至 2015 年，中文文献发文量占中英文文献发文总量的 44.6%，比 1999 年提高了 36.2%；第二阶段为 2016—2018 年，中文文献发文量进入稳定阶段，年发文量在 440 篇左右波动。

2. 中英文发文主要机构 秸秆肥料化利用相关中文文献发表数量排名前 10 位的机构及其发文情况如图 2-2 所示，其中包括 7 所农林类高校、2 个研究所以及 1 个国家重点实验室。排名前 10 位的高产机构共发表中文文献 2 241 篇，占统计范围内中文发文量的 43.7%。西北农林科技大学（469 篇）发文量最多，占中文发文总量的 9.1%。此外，还有 4 个机构的发文量在 200 篇以上，分别是南京农业大学、甘肃农业大学、中国农业大学和中国科学院南京土壤研究所，发文优势明显。

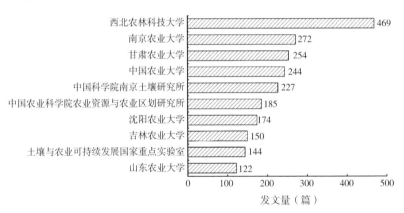

图 2-2 秸秆肥料化利用中文发文量排名前 10 位的机构

图 2-3 显示了秸秆肥料化利用相关英文文献发表量最高的 10 个研究机构及其发文情况。英文文献发文量排名前 10 位的高产研究机构中有 4 所大学和 6 个科研院所。其中中国研究机构有 6 个，表明国内秸秆肥料化利用相关研究在国际上的影响力逐步扩大。排名前 10 位的高产研究机构中，中国科学院（637 篇）、美国农业部农业研究中心（ARS）（521 篇）发文量均超过了 500

篇，其余研究机构发文量在 130～260 篇范围内，与前两家研究机构发文量差距较大，说明这两家研究机构在秸秆肥料化利用研究领域处于领先地位。

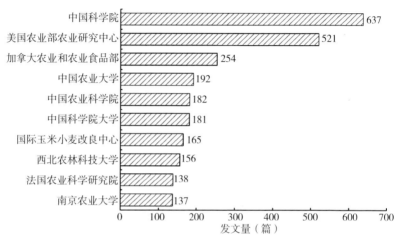

图 2-3　秸秆肥料化利用英文发文量排名前 10 位的机构

3. 中英文发文主要作者　统计范围内，秸秆肥料化利用领域 1999—2019 年中文发文量排名前 10 位的高产作者及其发文情况见表 2-1。排名前 10 位的高产作者发文总量为 537 篇，占统计范围内发文总量的 10.5％。这 12 位高产作者分别来自 8 个机构，其中甘肃农业大学有 3 位高产作者，南京农业大学有 2 位高产作者。发文量在 40 篇以上的作者共有 7 位，甘肃农业大学的张仁陟（73篇）和吉林农业大学的窦森（55 篇）两位的发文量超过了 50 篇，优势明显。

表 2-1　秸秆肥料化利用中文发文量排名前 10 位的作者

排名	作者	机构	发文量（篇）
1	张仁陟	甘肃农业大学	73
2	窦森	吉林农业大学	55

（续）

排名	作者	机构	发文量（篇）
3	黄高宝	甘肃农业大学	48
3	蔡立群	甘肃农业大学	48
5	潘根兴	南京农业大学	45
6	贾志宽	西北农林科技大学	44
7	吴金水	中国科学院亚热带农业生态研究所	43
8	李辉信	南京农业大学	39
9	徐明岗	中国农业科学院农业资源与农业区划研究所	37
10	沈其荣	南京农业大学	35
10	陈阜	中国农业大学	35
10	常志州	江苏省农业科学院农业资源与环境研究所	35

　　表 2-2 反映了秸秆肥料化利用 1999—2019 年英文发文量排名前 10 位的高产作者及其发文情况。排名前 10 位的高产作者发文量为 393 篇，占统计范围发文总量的 4.6%。发文量在 30 篇以上的作者共有 5 位，其中来自俄亥俄州立大学（Ohio State University）的 Lal 发文量高达 83 篇，在秸秆肥料化利用领域发文量遥遥领先；余下 4 位分别是阿德莱德大学（The University of Adelaide）的 Marschner、卡塞尔大学（University of Kassel）的 Joergensen、法国农业科学研究院（INRA）的 Recous 和中国科学院的 Wu（吴金水）。

表 2-2　秸秆肥料化利用英文发文量排名前 10 位的作者

排名	作者	机构	国别	发文量（篇）
1	Lal R	Ohio State University（俄亥俄州立大学）	美国	83
2	Marschner P	The University of Adelaide（阿德莱德大学）	澳大利亚	51

（续）

排名	作者	机构	国别	发文量（篇）
3	Joergensen R G	University of Kassel（卡塞尔大学）	德国	38
3	Recous S	INRA（法国农业科学研究院）	法国	38
5	Wu J S	The Chinese Academy of Sciences（中国科学院）	中国	37
6	Govaerts B	International Maize and Wheat Improvement Center（国际玉米小麦改良中心）	国际农业研究机构	30
6	Jat M L	International Maize and Wheat Improvement Center（国际玉米小麦改良中心）	国际农业研究机构	30
8	Malhi S S	University of Alberta（阿尔伯塔大学）	加拿大	29
8	Kimura M	Nagoya University（名古屋大学）	日本	29
10	Xu Z H	Griffith University（格里菲斯大学）	澳大利亚	28

4. 中英文高被引文献 表 2-3 是秸秆肥料化利用领域被引用频次排名前 10 位的中文文献。从研究机构来看，3 篇来自中国农业大学，3 篇来自中国农业科学院，说明了中国农业大学和中国农业科学院在秸秆肥料化利用领域的较高地位。从发表的文章类型来看，研究论文有 7 篇，综述有 3 篇，说明在秸秆肥料化领域以针对性的科学研究为主。在 10 篇高被引文献中，被引次数最高的文章是韩鲁佳的《中国农作物秸秆资源及其利用现状》，总被引频次高达 1 566 次。其次是徐阳春的《长期免耕与施用有机肥对土壤微生物生物量碳、氮、磷的影响》，总被引频次为 1 210 次。

表 2-3 秸秆肥料化利用被引频次排名前 10 位的中文文献

排名	文章名称	文章类型	第一作者	第一单位	所属期刊	被引频次（次）	发表年份
1	中国农作物秸秆资源及其利用现状	综述	韩鲁佳	中国农业大学	农业工程学报	1 566	2002

（续）

排名	文章名称	文章类型	第一作者	第一单位	所属期刊	被引频次（次）	发表年份
2	长期免耕与施用有机肥对土壤微生物生物量碳、氮、磷的影响	研究论文	徐阳春	南京农业大学	土壤学报	1 210	2002
3	秸秆还田与化肥配合施用对土壤肥力的影响	研究论文	劳秀荣	山东农业大学	土壤学报	771	2003
4	长期定位施肥对土壤酶活性的影响及其调控土壤肥力的作用	研究论文	孙瑞莲	山东农业大学	植物营养与肥料学报	764	2003
5	秸秆还田对农田生态系统及作物生长的影响	综述	江永红	中国农业大学	土壤通报	748	2005
6	我国农田氮肥施用现状、问题及趋势	综述	巨晓棠	中国农业大学	植物营养与肥料学报	650	2008
7	我国商品有机肥料和有机废弃物中重金属的含量状况与分析	研究论文	刘荣乐	中国农业科学院	农业环境科学学报	632	2001
8	中国作物秸秆养分资源数量估算及其利用状况	研究论文	高利伟	河北农业大学	农业工程学报	623	2005
9	长期有机无机肥料配施对土壤微生物学特性及土壤肥力的影响	研究论文	李娟	中国农业科学院	中国农业科学	566	2009
10	不同施肥制度对土壤微生物的影响及其与土壤肥力的关系	研究论文	李秀英	中国农业科学院	中国农业科学	536	2013

表 2-4 是秸秆肥料化利用领域被引用频次排名前 10 位的英文文献。从发表的文献类型来看，研究论文有 5 篇，综述文章有 5 篇，引用次数排名前 4 位的均是综述，说明秸秆肥料化利用领域综述具有较好的引领作用。引用排名前 10 位的文献中，被引频次最高的是 Lal 的 "Soil carbon sequestration to mitigate climate change"，被引频次为 1 673 次。其次是 Kalbitz 的 "Controls on the dynamics of dissolved organic matter in soils：A review"，被引频次是 1 495 次。

表 2-4　秸秆肥料化利用被引频次排名前 10 位的英文文献

排名	文章名称	文章类型	第一作者	第一单位	所属期刊	被引频次（次）	发表年份
1	Soil carbon sequestration to mitigate climate change	综述	Lal R	Ohio State University	Geoderma	1 673	2004
2	Controls on the dynamics of dissolved organic matterin soils：A review	综述	Kalbitz K	University of Bayreuth	Soil Science	1 495	2000
3	Organic and inorganic contaminants removal from water with biochar，a renewable，low cost and sustainable adsorbent：A critical review	综述	Mohan D	Jawaharlal Nehru University	Bioresource Technology	1 178	2014
4	The macromolecular organic composition of plant and microbial residues as inputs to soil organic matter	综述	Kogel-Knabner I	Technical University of Munich	Soil Biology and Biochemistry	1 089	2002
5	Effects of biochar from slow pyrolysis of papermill waste on agronomic performance and soil fertility	研究论文	Van Zwieten L	NSW Department of Primary Industries	Plant and Soil	985	2010

（续）

排名	文章名称	文章类型	第一作者	第一单位	所属期刊	被引频次（次）	发表年份
6	The forms of alkalis in the biochar produced from crop residues at different temperatures	研究论文	Yuan J H	Chinese Academy of Sciences	Bioresource Technology	942	2011
7	CropSyst, a cropping systems simulation model	研究论文	Stockle C O	Washington State University	European Journal of Agronomy	792	2003
8	Review of greenhouse gas emissions from crop production systems and fertilizer management effects	研究论文	Snyder C S	International Plant Nutrition Institute	Agriculture Ecosystems and Environment	760	2009
9	Dairy-manure derived biochar effectively sorbs lead and atrazine	研究论文	Cao X D	Shanghai Jiao Tong University	Environmental Science and Technology	757	2009
10	Sources of CO_2 efflux from soil and review of partitioning methods	综述	Kuzyakov Y	University of Hohenheim	Soil Biology and Biochemistry	717	2006

5. 主要期刊来源分析 CSCD 数据库中秸秆肥料化利用相关文献发表数量排名前 10 位的中文期刊见表 2-5。这 10 种期刊总发文量为 2 013 篇，占统计范围内发文总量的 39.26%。其中发文量最多的期刊是《农业工程学报》，共发表秸秆肥料化利用相关文献 241 篇，占总发文量的 4.70%，总被引 3 562 次，居所有期刊第一位。此外，《中国农业科学》期刊发文量为 174 篇，排名第九位，但单篇平均被引次数（18.9 次）和总被引次数（3 290 次）分别居第一位、第二位。从统计数据看，秸秆肥料化利用相关文献发表量排名前 10 位的中文期刊主要集中在土壤学、生态学和环境等领域。

表 2-5　秸秆肥料化利用发文量排名前 10 位的中文期刊

排名	期刊	复合影响因子	发文量（篇）	发文百分比（%）	总被引频次（次）	单篇平均被引频次（次）	H 指数
1	农业工程学报	3.409	241	4.70	3 562	14.8	113
2	农业环境科学学报	2.762	239	4.66	2 192	9.2	85
3	干旱地区农业研究	1.441	218	4.25	2 422	11.1	71
4	水土保持学报	2.619	217	4.23	1 796	8.3	130
5	植物营养与肥料学报	4.096	214	4.17	2 984	13.9	115
6	中国生态农业学报	3.433	195	3.80	1 823	9.3	82
7	应用生态学报	3.504	194	3.78	2 871	14.8	136
8	土壤通报	1.876	177	3.45	1 159	6.5	115
9	中国农业科学	3.347	174	3.39	3 290	18.9	103
10	生态学报	4.355	144	2.81	2 335	16.2	139

表 2-6 为 Web of Science 核心合集数据库秸秆肥料化利用相关文献发文量排名。排名前 10 位的期刊总发文量为 2 288 篇，占统计范围内发文总量的 26.67%，平均影响因子 5.359。其中发文量最多的期刊是 *Soil and Tillage Research*，共发表秸秆肥料化利用相关文献 488 篇，期刊 2014—2019 年影响因子为 6.368，总被引频次位居第一。*Soil Biology and Biochemistry* 2014—2019 年影响因子为 8.312，2014—2019 年影响因子、单篇平均被引频次和 H 指数以绝对优势排名第一，说明该期刊在秸秆肥料化利用领域具有较高的学术价值和影响力。此外，期刊 *Agriculture Ecosystems and Environment* 发文量虽然位居第六，但单篇平均被引频次排在第二位（42.0 次）。

表 2-6　秸秆肥料化利用发文量排名前 10 位的英文期刊

排名	期刊	2014—2019 年影响因子	发文量（篇）	发文百分比（%）	总被引频次（次）	单篇平均被引频次（次）	H 指数
1	Soil and Tillage Research	6.368	488	5.69	18 782	38.5	139

（续）

排名	期刊	2014—2019 年影响因子	发文量（篇）	发文百分比（%）	总被引频次（次）	单篇平均被引频次（次）	H 指数
2	Soil Biology and Biochemistry	8.312	288	3.36	15 127	52.5	222
3	Agronomy Journal	2.829	231	2.69	5 528	23.9	131
4	Soil Science Society of America Journal	2.832	215	2.51	8 385	39.0	168
5	Field Crops Research	6.190	201	2.34	6 058	30.1	150
	Agriculture Ecosystems and Environment	6.064	200	2.33	8 393	42.0	174
7	Geoderma	6.183	174	2.03	4 945	28.4	165
8	Biology and Fertility of Soils	6.332	169	1.97	4 709	27.9	124
9	Plant and Soil	4.712	164	1.91	5 062	30.9	190
10	Nutrient Cycling in Agroecosystems	3.767	158	1.84	4 004	25.3	97

6. 中英文文献研究热点　对 1999—2019 年发表的中英文论文关键词进行提取、整理与统计，其中中文文献选取词频在 25 次及以上的 100 个高频关键词，英文文献选取词频在 27 次及以上的177 个高频关键词，通过聚类分析研究高频关键词的共现关系，分析秸秆肥料化利用领域的研究热点。

（1）中文文献研究热点。图 2-4 显示了 1999—2019 年中文文献高频关键词之间的共现网络关系。结果显示 7 个秸秆肥料化利用研究热点领域的中心关键词分别是产量、土壤有机碳、秸秆覆盖、土壤养分、堆肥、氮磷、微生物多样性。其中最大的研究热点聚类是耕作方式对作物产量、品质及经济效益等影响的相关研究，中心关键词是产量，包含耕作方式、冬小麦、水分利用效率、水稻、夏玉米等 25 个高频关键词；其次是秸秆还田、长期施肥等对土壤有机碳等的影响研究，中心关键词是土壤有机碳，包含长期施肥、微生物生物量碳、温室气体、土壤团聚体等13个高频关键词。在我国秸秆综合利用政策的支持和推动下，秸秆肥料化利用面积逐年增大，但如何通过配套的栽培、耕作等农艺措施减弱秸秆还田可能产生的负面影响，实现培肥土壤、作物稳产增产的目标，一直是学者关注的重点内容。此外，在2030年前碳达峰、2060年前碳中和的目标驱动下，秸秆肥料化利用的固碳效应、温室气体减排效应等方面的研究也将持续成为学者关注的研究重点。

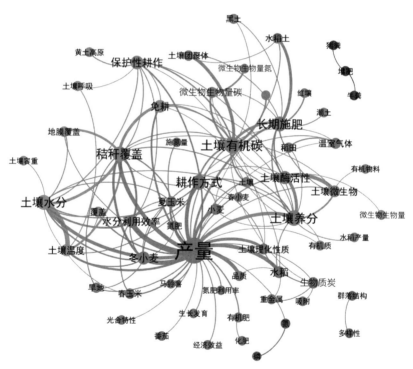

图2-4　秸秆肥料化利用中文文献高频关键词共现知识图谱

（2）英文文献研究热点。通过聚类分析方法分析了1999—2019年高频关键词在英文文献中的共现关系（图2-5）。结果表明：关于 nitrogen、biochar、yield、residue management、no-tillage、bacteria/fungi 等问题是英文文献秸秆肥料化利用领域长期研究的 6 个热点。与中文文献不同，英文文献主要研究热点关键词出现的频次差异较小，关键词之间的联系更加紧密。其中最大的研究热点是秸秆还田相关的土壤有机质、土壤微生物等问题的相关研究，包含 nitrogen、soil organic matter、decomposition、soil、dynamics、carbon sequestration 等 17 个高频关键词；其次是秸秆生物质炭对甲烷、一氧化二氮等气体排放影响的相关问题研究，中心包含 biochar、nitrous oxide、rice、methane、paddy soil、greenhouse gas 等 16 个高频关键词。与中文文献相比，英文文献研究热点更偏重秸秆肥料化利用的生态环境效应。

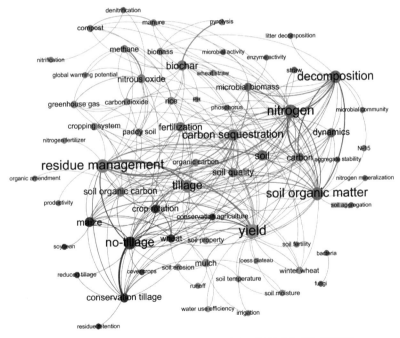

图 2-5　秸秆肥料化利用英文文献高频关键词共现知识图谱

7. 中英文文献研究前沿　对 2016—2019 年发表的中英文论文关键词进行提取、整理与统计，中文文献选取词频在 5 次及以上的

143 个高频关键词，英文文献选取词频在 11 次及以上的 147 个高频关键词，通过聚类分析研究高频关键词的共现关系，分析秸秆肥料化利用领域的研究前沿。

①中文文献研究前沿　利用 2016—2019 年高频关键词在中文文献中的共现关系，分析秸秆肥料化利用领域的研究前沿（图 2-6）。秸秆肥料化利用领域中文文献主要有 7 个研究前沿的聚类。聚类 1：以产量为主，涉及秸秆覆盖、耕作方式等对作物产量、品质及经济效益等影响的相关研究，包括秸秆覆盖、耕作方式、土壤水

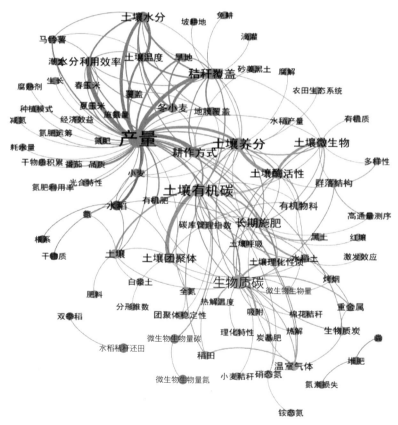

图 2-6　秸秆肥料化利用中文文献研究前沿关键词共现知识图谱

分等 34 个节点；聚类 2：以土壤有机碳为主，涉及秸秆还田、长期施肥等对土壤有机碳等特性的影响研究，主要包括长期施肥、土壤团聚体、温室气体等 21 个节点；聚类 3：以生物质炭为主，涉及秸秆生物质炭吸附以及热解等问题的相关研究，包括土壤理化性质、重金属、硝态氮等 14 个节点；聚类 4：以土壤养分为主，涉及秸秆还田相关的土壤微生物研究，包括土壤微生物、土壤酶活性、有机物料等 11 个节点；此外还包括 3 个小的聚类，中心关键词分别是堆肥、水稻、水稻秸秆还田。

　　②英文文献研究前沿　通过聚类分析 2016—2019 年高频关键词在英文文献中的共现关系，描述英文研究前沿（图 2-7）。结果表明秸秆综合利用领域英文文献主要有 7 个研究前沿的聚类。聚类

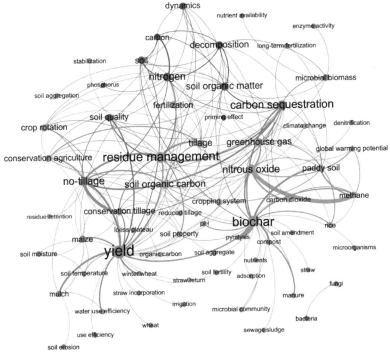

图 2-7　秸秆肥料化利用英文文献研究前沿关键词共现知识图谱

1：以 yield 为主，涉及秸秆还田、保护性耕作等对作物产量、土壤特性等的影响的研究，包括 no-tillage、conservation tillage、soil property 等 19 个节点；聚类 2：以 biochar 为主，涉及秸秆生物质炭对土壤微生物、肥力等的影响的研究，包括 manure、microbial community 等 15 个节点；聚类 3：以 nitrous oxide 为主，涉及秸秆还田对甲烷、一氧化二氮等气体排放等的影响的研究，包括 greenhouse gas、paddy soil、methane 等 9 个节点；聚类 4：以 residue management 为主，涉及秸秆还田、保护性耕作等对土壤有机碳等特性的影响作用研究，包括 soil organic carbon、tillage、conservation agriculture 等 9 个节点；聚类 5：以 nitrogen 为主，涉及秸秆还田分解及对土壤营养物质、土壤品质的影响等问题的研究，包括 soil organic matter、decomposition、soil quality 等 9 个节点；聚类 6：以 carbon sequestration 为主，涉及长期施肥对土壤碳回收、微生物等的影响的研究，主要包括 microbial biomass、long-term fertilization 等 5 个节点。此外，还有一个小的聚类，包含 bacteria、fungi 2 个高频词，涉及土壤菌类的相关研究。

三、结论

本部分通过利用 Web of Science 核心合集数据库（SCI-Expanded）和中国科学引文数据库（CSCD 数据库）对秸秆肥料化利用领域的相关文献进行检索，通过发文量、高被引论文、发文单位、发文期刊、发文作者等关键信息了解了秸秆肥料化利用领域研究现状，利用 Gephi V0.9.2 对高频关键词进行聚类分析了解了该研究领域的中英文研究热点和前沿情况，在一定程度上反映了秸秆肥料化利用的技术发展历程，从中得出结论：

（1）世界范围内对秸秆肥料化利用重视程度提高，1999—2019 年该领域英文发文量整体均呈不断上升的趋势；1999—2015 年中文发文量逐年递增，但在 2016 年以后发文量趋向稳定，保持在 250 篇左右。

（2）Lal、Marschner 和 Joergensen 等学者是基于英文文献的

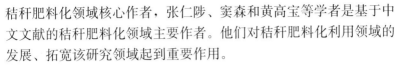

秸秆肥料化领域核心作者，张仁陟、窦森和黄高宝等学者是基于中文文献的秸秆肥料化领域主要作者。他们对秸秆肥料化利用领域的发展、拓宽该研究领域起到重要作用。

（3）中国科学院和西北农林科技大学等是国内 1999 年—2019年基于中英文献在秸秆肥料化利用领域的核心机构，在秸秆肥料化利用领域做出了较大的科研贡献。

（4）分析发文期刊情况，《农业工程学报》是国内发表秸秆肥料化利用研究相关文章以及总被引频次最多的期刊；*Soil and Tillage Research* 是秸秆肥料化领域发表英文文献篇数以及总被引次数最多的期刊，同时 *Soil Biology and Biochemistry* 是该领域单篇引用频次最高的期刊；科研工作者想了解该领域的研究动态，可以及时跟踪这些具有较高影响力期刊的研究内容。

（5）通过关键词共现知识图谱分析发现，秸秆肥料化利用领域基于中文文献的研究热点为"产量""土壤有机碳""秸秆还田""土壤养分"等方向，基于英文文献的研究热点为"soil organic matter""biochar""yield""crop residue""no-tillage"等方向，以上有关秸秆肥料化的环境、经济效益以及利用方式之间的交叉研究是目前的主要研究方向。此外，涉及秸秆炭化还田、土壤微生物群落特征、土壤碳固持等研究方向关键词的频率和共现强度增大，受关注度较高，可能是未来该领域的主要研究方向。

四、不足与展望

本研究对秸秆肥料化利用领域的研究热点和前沿分析具有一定的启发意义，但也具有一定的局限性。首先，运用 Gephi 对大量文献的关键词进行可视化分析处理，利用中英文文献探索研究热点、研究前沿关键词之间的隐藏规律，但受提取信息以及分析方法自身局限性影响，可能会造成分析结果存在一定偏差；其次，本研究确定了秸秆肥料化利用的主要研究热点和前沿，限于篇幅，缺乏对研究热点和前沿相关信息的深入挖掘，例如研究方法、理论背景以及每项工作的创新发现等。

耕地是粮食生产的基础，秸秆是土壤有机质的重要来源，随着秸秆"五料化"利用政策体系和支撑技术体系逐渐完善，秸秆肥料化利用作为秸秆资源化利用最广泛、最直接的途径仍将受到持续关注。建议从以下 3 个方面着手，发挥好农作物秸秆在改善土壤性状、优化土壤功能、提高耕地质量等方面的重要作用，为落实"藏粮于地"战略、保障国家粮食安全提供有力支撑。

（1）关注秸秆直接还田。秸秆还田是秸秆综合利用最简便、最直接、最经济的途径。农业农村部农作物秸秆资源台账数据显示，秸秆直接还田已成为最主要的利用方式。需要进一步开展秸秆还田效应相关机理研究，研究秸秆还田过程中不同区域、不同作物土壤-作物系统驱动机理、环境因子的调控机制、最适还田量等关键性机理问题。同时，加强秸秆还田配套技术的研发和集成，建立健全秸秆还田技术标准体系，做好秸秆还田生态效应的长期定位监测工作。

（2）关注秸秆炭化还田。"秸秆炭化还田减排固碳技术"被列为 2021 年农业农村部十大引领性技术之一，是秸秆直接还田的重要补充方式，将单一的秸秆直接还田方式拓展为"收储—炭化—产品化—还田"的技术链条。通过生物质炭的输入可直接实现农田土壤碳封存，减少温室气体排放，还可通过炭化副产物的能源化利用、在工业环节助力化石能源替代减排，为应对全球气候变化作出积极贡献。

（3）关注秸秆有机肥还田。秸秆是农业生产重要的有机肥原材料，有机肥还田是生态循环农业发展和绿色种养循环农业试点的重要组成部分。需合理选择秸秆生物反应堆、秸秆堆沤还田等技术，通过秸秆有机肥替代化肥，促进畜禽粪污和秸秆资源化利用，发展循环经济，加快建立植物生产、动物转化、微生物还原的种养循环体系，促进农业绿色发展。

第二节　农田产能及影响因素

秸秆还田作为一种可持续农业实践，在我国得到了广泛应用。

目前，秸秆还田对农田产能的影响是研究的热点之一。有学者提出，秸秆还田具有一定的增产效果，且增产效果随还田年限的增加而降低。但也有研究发现，中长期（10～15 年）秸秆还田比长期（>15 年）增产效果更明显。还有研究认为，秸秆还田持续时间对作物产量的影响没有显著差异。关于秸秆还田对农田产能的影响一直备受争议。事实上，秸秆还田对作物产量的影响受气候条件、管理措施、土壤性质、还田方式等多种因素的影响。

一、气候条件

研究发现，秸秆还田后，温暖环境比低温环境更有利于作物产量的提高。一般来说，较高温度条件下秸秆还田会提高土壤微生物和酶活性，从而加速秸秆分解，秸秆分解后释放大量的无机养分和小分子有机酸，对作物生长和产量有显著的促进作用。此外，降水较多条件下秸秆还田也能使作物增产。由于降水量大，有利于土壤酶活性提高，进而促进秸秆分解，并提高作物产量。总之，气候条件对秸秆还田期间的作物产量有显著影响。因此，保证适宜的土壤水分和温度条件对作物增产至关重要。

二、管理措施

一般来说，小麦或玉米单作农田系统中的秸秆还田在作物收获后有充足的时间分解，因而可以提高土壤养分水平、促进作物产量提升。但在轮作系统中，由于前茬作物收获与下茬作物播种之间的时间间隔较短，也就是通常所说的茬口较紧，可能会使秸秆分解不够充分，进而影响养分释放。双季种植系统中秸秆分解率较低，若翻埋不深，地表秸秆残余物可能会对作物的生长和产量产生不利影响。研究发现，在不施肥和不灌溉的情况下，双季种植系统中秸秆覆盖还田不增产，甚至在免耕条件下还会减产。而在灌溉、施肥和深耕条件下，秸秆覆盖还田可显著增产（Islam et al.，2022）。

耕作措施也会影响秸秆还田条件下的作物产量情况。研究发现，秸秆还田条件下，不同耕作方式的增产情况为深耕 > 旋耕 >

免耕。首先，深耕能显著改善土壤结构，打破犁底层，促进根系生长。其次，深耕可以将秸秆混入更深的土层，使土壤养分在不同土层分布均匀，提高秸秆分解率。最后，深耕能极大地促进土壤有机质的形成，平衡土壤有机碳分布，从而提高作物产量。

秸秆还田配合施用无机肥料也能使作物显著增产。一般来说，微生物降解秸秆需要外源氮。施用肥料（尤其是氮肥）可增强微生物活性，促进秸秆分解，从而有利于作物生长并提高作物产量。然而，过度施肥会导致环境问题和土壤结构退化。因此，适量施用氮肥对保持作物产量至关重要，尤其是在秸秆还田条件下。充足的氮肥供应可以缓解竞争压力，刺激根系生长，有利于粮食高产。但过量施用氮肥会造成各种土壤胁迫（如土壤酸化和盐碱化）、土壤有机碳快速矿化而流失以及养分供应失衡，从而进一步限制了农业生产。因此，适当施肥对秸秆还田管理非常重要。

秸秆还田的增产效应在灌溉农田通常高于雨养农田。这可能与作物生长期间的水分供应有关。一般情况下，作物生长期间的蓄水量保持在较高水平，有利于作物产量的提高。相反，雨养农田的季节性干旱胁迫会导致土壤水分不足、土壤呼吸作用旺盛、作物生长受阻，从而导致作物减产。此外，较低的含水量降低了秸秆分解速率，影响了土壤有机碳的积累，从而限制了作物产量。相比之下，秸秆还田和灌溉增加了土壤水分供应，实现了作物的可持续生产。

三、土壤性质

秸秆还田对作物产量的影响主要受土壤理化性质的影响，土壤理化性质包括土壤有机碳含量、土壤质地等。研究发现，土壤初始有机碳含量大于 1.2g/kg 时，秸秆还田的增产效果最为明显。这可能是因为较高的土壤有机碳含量改善了土壤结构、增加了土壤持水能力以及必需营养元素含量，从而促进作物的生长和产量的提高。此外，沙性土和沙壤土秸秆还田对产量的影响比黏质土壤更大。秸秆还田导致秸秆与重黏土压实沉积，无法正常分解，从而影响作物根系生长和作物产量。质地细腻的土壤具有更高的持水能力和水分有效性。可能是由于黏土的初始土壤肥力水平较高，秸秆还田对土壤养分的影响不大。基于旱作黏质土壤的研究甚至发现，免耕与秸秆还田会降低作物产量。与此相反，在小麦—玉米轮作沙质土壤中，连续 11 年秸秆还田大幅提高了作物产量。因此，尽管秸秆还田对作物产量的影响与其他土壤特性和气候条件有关，但在沙质土壤和壤土中，秸秆还田对作物产量的影响是积极的。总的来说，秸秆还田通常带来土壤有机碳的积累和容重的降低，这都有利于作物产量的提高（张旭等，2023）。秸秆还田的普遍增产效果可能是由于额外的养分输入和（或）土壤有机碳的增加以及土壤生物、物理、化学性质的改善（Li et al.，2018）。

四、还田方式

在还田方式上，秸秆混埋还田（如旋耕还田、翻埋还田）比秸秆覆盖还田在双季种植系统中的增产效果显著。这是因为秸秆在土壤深层的分解率较高，能增强水分和养分的吸收，促进根系生长和作物产量提高（饶越悦等，2023）。相反，对于秸秆覆盖还田而言，若秸秆未能及时腐解，可能对幼苗发芽产生不利影响，造成根区养分不均衡，甚至会增加病害发生的可能性。但是，覆盖还田在土壤保墒功能上更有优势，例如对于土层较薄的干旱地块而言，覆盖还田又有利于减少土壤水分散失，从而提高作物产量。因此，从作物产量提升的角度来看，需要因地制宜，探索合适的还田方式以及与秸秆还田相匹配的耕作和施肥管理措施。

第三节 土壤培肥与氮肥增施

一、秸秆还田对土壤物理性质的影响

（一）土壤温度

土壤温度是指与作物生长发育直接相关的地下耕层的温度，它直接影响作物的生长和发育。区域温度很难人为控制，但通过秸秆覆盖等还田方式可以改善农田微生境地温，从而对作物的生长产生

一定影响。

一般情况下，秸秆覆盖还田对外界温度有一定的缓冲作用。研究发现，小麦秸秆还田处理可有效稳定 0～25cm 土层地温。气温较低时秸秆覆盖能减少温度散失，从而稳定地温。秸秆还田对于稳定地温、减少地温变化对作物带来的伤害具有明显效果。有研究表明，秸秆覆盖还田条件下苗期耕层土壤温度与对照相比可降低 0.44～1.35℃。秸秆覆盖还田阻隔土壤与大气的接触，既可减少大气对地表的辐射面积，又可降低土壤温度。也有研究表明，玉米秸秆和小麦秸秆还田后的小麦季总体表现为增温效应，全生育期较对照增加 0.52℃。半湿润区秸秆深翻还田使 5 月地温提升 0.46℃，秸秆覆盖还田免耕使 9 月地温提高 0.22℃。

不同作物秸秆还田对土壤的增温效果不同。研究发现，小麦秸秆还田的旱地冬小麦的土壤平均温度比玉米秸秆还田高 0.14℃，这可能是由于玉米秸秆还田时粉碎程度不够，还田后未完全腐化，从而对土壤温度提升效果不显著。

（二）土壤容重

土壤容重是田间自然垒结状态下单位容积土体（包括土粒和孔隙）的重量（单位为 g/cm^3）。土壤容重可以直接影响土壤养分的调节，对作物根系的生长和伸展影响较大。土壤中孔隙的数量及质量是土壤物理性状的重要表现，直接影响土壤肥力基本要素的变化与供应能力。孔隙度和结构性良好的土壤，能够较好地供给作物所需的水分和空气，提高土壤养分调节能力。但孔隙度过小会导致水、气不通，微生物活性减弱，养分释放不佳，易拉断根系。土壤容重和孔隙度的变化与土壤温度和含水量的变化密切相关，直接影响作物根系的生长发育。土壤容重和毛管孔隙度都是反映土壤结构特性的重要指标。

研究表明，秸秆还田能有效降低土壤容重，从而改善土壤的理化性状，改善效果随还田时间的延长而逐渐增强（吴玉德等，2023）。在稻麦季秸秆全量还田配施腐熟菌剂的研究中，连续 5 年秸秆还田对土壤容重和孔隙度影响效果显著，容重下降 0.08 g/cm^3，孔隙度增加 6.0%。此外，水稻秸秆沟埋还田也会降低土壤容重，增加土壤总孔隙度。在秸秆还田配施生物菌剂的研究中，浅层土壤容重有显著下降现象，但连续还田 5 年后，土壤容重变化不大。

不同秸秆还田方式对土壤容重的影响不同。与秸秆不还田（对照）相比，秸秆粉碎还田使 0～20cm 土层土壤容重下降 0.17～0.25g/cm³、孔隙度增加 2.0%；秸秆覆盖还田处理土壤容重降低率可达 1.86%～3.73%，总孔隙度则增加 2.88%～5.76%。此外，免耕秸秆覆盖还田可降低耕层土壤容重，增加总孔隙度，显著提高耕层土壤气体相对扩散率和饱和导水率，增加下层土壤导气率。总之，秸秆还田使土壤容重与毛管孔隙度呈负相关趋势，降低了土壤紧实度，使得土壤疏松，改善土壤通透性。

（三）土壤含水量

土壤含水量是影响秸秆分解速率的重要因素。土壤含水量过低会抑制土壤微生物的活性，降低秸秆分解速率；土壤含水量过高会改变土壤微生物的群落结构，抑制土壤微生物和酶的活性，降低秸秆分解速率。秸秆还田对土壤含水量的影响机制主要体现在四个方面：

（1）秸秆还田可以减少阳光直射造成的水分蒸发，减少地表径流，改善土壤饱和导水率和水分渗透，从而提高土壤含水量。土壤上层分布的秸秆残留物有助于土壤形成良好的孔隙系统，使雨水入渗增加并减少径流，从而具有更高的保水能力和孔隙连通性。研究发现，秸秆覆盖还田提高了田间土壤含水量，同时也提高了土壤水分利用率。

（2）秸秆还田有利于改良土壤结构和增加土壤有机质，有效增加土壤水稳性团聚体含量或者增强其稳定性，提高土壤的蓄水保墒能力，可更好地发挥土壤水库的调蓄作用。研究发现，秸秆覆盖还田—免耕和秸秆覆盖还田—深松处理各生育时期土壤含水量均会显著提高。

（3）秸秆还田初期秸秆腐解要消耗大量水分，与作物生长发生争夺水分现象，并且秸秆还田初期土壤孔隙较大，水分蒸发较快，总体表现为降墒效应；秸秆腐解结束后，土壤结构有所改善，其蓄水保墒能力得到提高，表现为增墒效应。秸秆还田年限越长，越有利于提高土壤饱和导水率、改善土壤深层的渗水性能。一项连续19年的长期定位试验结果表明，与秸秆不还田相比，3种秸秆还田方式（秸秆覆盖还田、秸秆粉碎直接还田、秸秆养畜粪肥还田）19年内在3m土体多贮水4.0～60.7mm，秸秆覆盖还田对土壤含水量的提升作用十分显著，长期秸秆还田可以增加土壤深层贮水、增加对上层土壤贮水的利用，减轻土壤深层干燥化问题。

（4）秸秆还田的扩蓄增容作用不仅能让土壤在降水过程中蓄积更多的水分，而且在干旱条件下减少土壤空气与大气间的气流交换，从而减少表层土壤水分蒸发。秸秆还田的水分效应随还田时间的变化而有一定变化。

（四）团聚体

土壤团聚体是表征土壤物理性质的一个重要指标，影响着土壤结构的质量特征和土壤肥力状况。秸秆还田对土壤结构调节具有良好的效果。

秸秆还田还能减少雨水对土壤的击打和淋溶影响，降低雨水落到地面的能量，减少对土壤团粒结构的破坏。秸秆还田还能够提高土壤含水量和表层土壤含水量，增加土壤总孔隙度、毛管孔隙度、降低非毛管孔隙度，增加土壤毛管孔隙度占土壤总孔隙度的比例，提高土壤团聚体稳定性。长期秸秆还田研究发现，土壤中5cm以下团聚体随还田时间的延长而增加，而且秸秆还田能显著提高秸秆层以下土壤温度。秸秆翻耕还田后，土壤含水量增加了5.97%，这是因为土壤形成的团聚体具有蓄水保墒的能力；但传统的翻耕方式使土壤的孔隙度增大，土壤表层水分向下渗透，表层水分蒸发，不利于提高土壤蓄水保墒的能力。

有机质是形成100～200μm团聚体的核心，能将土壤微团聚体黏结成大团聚体。土壤有机碳的积累随着大团聚体的增加而增加，随着小团聚体（<250μm）的增加而减少，高活性颗粒有机碳大多存在于大团聚体中。研究发现，农田表土中90%的土壤有机碳位

于土壤团聚体中，团聚体的形成和稳定保证了有机碳的增加；同时，土壤有机碳是团聚体的主要胶结剂，微团聚体在这种胶结作用下形成大团聚体，进而增加土壤有机碳的积累，形成正循环。秸秆还田可以补充新鲜有机物，增加腐殖质比例和土壤团粒结构，增强土壤微生物的活性，从而增加土壤团聚体的稳定性，而土壤团聚体是土壤有机碳形成和转化的重要载体，在有机碳固定中发挥着重要作用。此外，秸秆还田后可产生大量的腐殖酸，促进水稳性较高的土壤团聚体的形成，土壤团聚体具有抗旱作用，可保持土壤的蓄水能力，减少土壤板结现象，进而提高土壤耕作质量。

二、秸秆还田对土壤化学性质的影响

（一）土壤 pH

土壤 pH 是土壤胶体的固液相性质的综合体现，由土壤溶液中游离的 H^+ 或 OH^- 表现出来。当土壤溶液中 H^+ 浓度大于 OH^- 浓度时呈酸性反应；反之，呈碱性反应；而当 H^+ 与 OH^- 相等时呈中性反应。土壤 pH 是划分土壤类型、评价土壤肥力的重要指标之一。土壤 pH 通过影响土壤中的物理、化学、生物过程改变土壤环境，对土壤肥力造成影响。pH 过高或过低均会影响植株对养分的利用效果，进而影响植株生长。

秸秆还田对 pH 的影响机制主要包括两方面：一方面，秸秆还田可补充同化掉的盐基离子，从而缓解土壤酸化；另一方面，秸秆降解会增加土壤中的 CO_2（即 H_2CO_3）和有机酸含量。

作物秸秆还田可以缓解旱地土壤酸化，改善土壤养分供应。相比于稻田土壤，旱地土壤的有机质和阳离子交换量较低，导致其酸碱缓冲能力较弱。因此，旱地土壤对土壤酸化的缓冲作用低于稻田和稻田-旱地系统，但秸秆还田可以缓解这一趋势。研究发现，秸秆还田对土壤酸化的缓解作用随着土壤磷的增加而降低，这可能是由两种机制造成的。首先，还田秸秆在分解过程中会释放有机酸，导致土壤磷酸盐矿物质中的磷移动，降低土壤 pH；其次，磷浓度高的土壤中有机碳的输入会促进异养微生物硝化，导致土壤酸化。

（二）土壤氮、磷、钾养分

氮、磷、钾是作物生长发育必需的大量营养元素。植株无法直接利用土壤中的全量养分，需要将其转化成可吸收利用的速效养分。秸秆是土壤营养素的重要储存库，长期全量移除秸秆会降低土壤养分含量。秸秆还田可提高土壤肥力，是补充土壤氮、磷、钾的有效途径。作物秸秆不仅含有氮、磷、钾等营养元素，还富含纤维素、半纤维素、木质素等富碳物质。研究发现，水稻秸秆全氮含量高，油菜秸秆全磷含量高，水稻秸秆和小麦秸秆钾含量分别为4%和2%左右。受土壤和气候等条件的影响，不同秸秆中纤维素含量有所不同，大麦秸秆纤维素含量可达43%，而水稻秸秆纤维素含量较低，仅为30%左右。

1. 土壤氮　秸秆还田后，在土壤微生物的参与下，秸秆充分腐解，可以释放大量氮，有利于固持更多土壤氮，提高土壤供氮能力。土壤中的氮多以有机氮形式存在，通过土壤生物的矿化作用转化为可供作物直接利用的有效态氮。国内外相关研究表明，秸秆还田可以提高土壤团聚体中全氮的含量，促进秸秆中的氮被释放到土壤中，提高土壤中铵态氮及硝态氮的含量，提高土壤氮固定作用，降低氮淋失风险。

秸秆还田对土壤氮的影响不仅与作物秸秆类型、还田量、还田方式有关，还取决于土壤条件和气候条件（Liu et al.，2023）。侯素素等（2023）基于2000—2021年中国知网（CNKI）公开发表的文献数据和2013—2021年湖北省32个秸秆还田田间试验数据，对田间生产条件下主要作物秸秆还田化肥替减比例进行了计算，全面评估了区域尺度秸秆还田化肥节本潜力。结果表明，水稻秸秆、小麦秸秆、玉米秸秆及油菜秸秆还田可减施氮（N）肥量分别为$56.54×10^4$t、$66.65×10^4$t、$106.17×10^4$t和$10.12×10^4$t。长期连续秸秆覆盖还田可显著提高黑土表层土壤全氮含量，玉米秸秆还田显著提高了土壤铵态氮和硝态氮含量，使土壤全氮、碱解氮增加。在年平均气温>14℃和年平均降水量>800mm的条件下，秸秆深埋还田比秸秆覆盖还田更能提高土壤有效氮含量（Huang et al.，2021)。

2. 土壤磷 土壤磷主要以土壤溶液中含有的正磷酸盐和与有机物质结合的形式存在。秸秆还田后土壤中磷含量增加，可能是因为秸秆还田能促进无机磷转化为有机磷，进而保证了有机磷库的相对稳定。此外，秸秆在微生物的作用下，能够产生有机酸，有利于磷的释放。同时，秸秆还田能促进溶磷微生物的生长，激活土壤中的磷，进一步增加土壤养分。研究发现，秸秆配施化肥可以显著提高土壤团聚体中有效磷含量；免耕配合秸秆还田可增加土壤有机磷，有利于水稻土壤有效磷的转化。侯素素等（2023）的相关研究表明，水稻秸秆、小麦秸秆、玉米秸秆及油菜秸秆还田可减施磷（P_2O_5）肥量分别为 74.37×10^4 t、46.75×10^4 t、96.09×10^4 t 和 10.52×10^4 t。同时，秸秆还田对土壤有效磷的影响与土层深度有关，长期秸秆还田增加 $0 \sim 10$ cm 土层土壤有效磷含量，但可能降低 $10 \sim 20$ cm 土层土壤有效磷含量。

3. 土壤钾 土壤中的钾多以矿物态钾的形式存在，需要经过长期风化作用转化为有效钾才能够被作物利用，作物对钾的吸收受转化速率影响。秸秆还田能提升土壤供钾能力和不同形态钾含量，并且有利于土壤特殊吸附态钾向其他形态的钾转化。侯素素等（2023）的相关研究表明，水稻秸秆、小麦秸秆、玉米秸秆及油菜秸秆还田可减施钾（K_2O）肥量分别为 117.97×10^4 t、115.84×10^4 t、203.01×10^4 t 和 15.16×10^4 t。秸秆覆盖还田比秸秆深埋还田更能增加土壤速效钾。秸秆覆盖还田对土壤速效钾含量的提高幅度随施氮量的增加而减小，秸秆深埋对土壤速效钾含量的提高幅度随年均温的增加而增大。碱性和酸性土壤中秸秆还田对速效钾的增加效果比中性土壤中更明显。随着秸秆堆肥施用量的增加，微生物对秸秆的腐解作用能够更好地提高土壤速效钾的含量，增加幅度甚至可达 80% 以上。

4. 秸秆还田导致土壤养分变化的原因 秸秆深埋还田比秸秆覆盖还田更有利于增加土壤碳、氮和钾，因为秸秆深埋增加了秸秆与土壤微生物和土壤酶的接触面积，在土壤中形成的腐殖质比秸秆覆盖多。秸秆覆盖时，秸秆留在土壤表面处于半干状态，土壤表面温度和湿度的变化导致秸秆分解过程中以气态形式损失的碳和氮比秸秆深埋多。因此，秸秆深埋比秸秆覆盖更有利于秸秆分解，进而向土壤释放更多的碳、氮、钾。

然而，秸秆覆盖还田条件下的土壤有效养分含量高于秸秆深埋还田，主要原因在于：①地面径流造成的可利用养分流失比秸秆深埋少；②秸秆覆盖条件下秸秆释放的养分分布在土壤表层，而秸秆深埋不局限于土壤表层；③秸秆覆盖抑制了土壤水分蒸发，提高了土壤表层含水量，提高了土壤有机质的矿化率。

一般来说，28～35℃的土壤温度和60%～70%的土壤相对含水量最有利于秸秆分解。在我国年均降水量400～800mm的地区，秸秆覆盖处理的土壤有效态氮、磷、钾含量均大于秸秆深埋处理，这可能是因为秸秆覆盖还田可以调节土壤表层温度，抑制土壤水分蒸发，提高土壤有机质矿化率，改善土壤养分供应状况。此外，秸秆覆盖还能减少地表径流损失，减少土壤养分流失。因此，如果在田埂和垄沟上覆盖塑料薄膜以收集雨水和改善土壤湿度，秸秆覆盖还田在干旱地区可能会有更好的养分增加效果。在我国年均降水量>800mm的地区，秸秆深埋比秸秆覆盖更能显著增加土壤有效态氮、磷、钾，这可能是因为秸秆深埋后的分解率高于秸秆覆盖，也可能是因为这些地区田间水分充足，养分比干旱地区更容易淋失，而秸秆深埋还田可通过促进土壤养分上升来减少土壤有效养分的淋失。

初始土壤pH会影响土壤微生物和土壤酶的活性，进而影响秸秆分解和土壤养分转化。酸性土壤中秸秆深埋增加了有效态氮、磷，在中性和碱性土壤中秸秆覆盖会提高土壤可利用养分含量。

土壤质地通常决定土壤的通气性，其中黏粒含量对土壤持水能力起着至关重要的作用。研究表明，黏粒含量是影响土壤碳储存能力的关键性质。秸秆还田更有利于增加黏壤土中的土壤有机碳的积累。黏壤土通常透气性差，好氧微生物受到抑制，有机物分解相对缓慢，有机质积累较多。黏壤土中，秸秆深埋还田更有利于秸秆分解，增加土壤有效养分含量。壤土的排水能力优于黏土，因此秸秆覆盖更有利于土壤蓄水、秸秆分解和增加土壤有效养分含量。

三、氮肥增施

碳氮比（C/N）是影响作物秸秆分解的一个重要因素。微生物每分解 100g 秸秆，大约需要 0.8g 氮，土壤微生物分解有机物的合适 C/N 为（25～30）：1，而禾本科作物秸秆的 C/N 一般高于此值，微生物分解还田水稻秸秆和小麦秸秆需要土壤中的原始氮，这导致微生物与作物争夺养分，降低了还田秸秆的分解率。此外，秸秆在分解初期可溶性有机物较多，C/N 较高，随着秸秆的分解，可溶性有机物和 C/N 逐渐降低。因此，在秸秆还田初期应适当施用氮肥。适当施用氮肥可以增加土壤中的可利用氮含量，降低土壤的 C/N，促进土壤微生物的生长和活性的增强，增强纤维素酶和其他水解酶的活性，抑制氧化酶的活性，促进还田秸秆的分解。但是，过量施用氮肥会抑制土壤中木质素分解酶的活性和化学稳定性，从而延缓还田秸秆的分解。常见作物 C/N 见表 2-7。

表 2-7 常见作物秸秆的 C/N

秸秆种类	C/N
水稻秸秆	46
小麦秸秆	61
玉米秸秆	48
油菜秸秆	52

数据来源：中国有机肥料养分数据库。

适量的秸秆还田可以促进作物根系生长，降低土壤水分蒸发速率，减少蒸发量，增强土壤蓄水能力，为作物生长创造适宜的土壤水分条件，从而提高作物产量。在一定范围内，作物产量随前茬作物秸秆还田量的增加而增加。但是，如果秸秆还田量过高，秸秆相对较高的 C/N 会促进微生物吸收土壤中的矿质氮，减少作物生长发育所需的氮。比如，水稻季需要大量的氮支持前茬秸秆分解初期的微生物生长，减少水稻的无效分蘖，改善种群结构，并随着秸秆的分解释放许多营养物质，从而增加水稻群体从抽穗到成熟的干物质积累，提高产量。然而，麦季土壤平均温度相对较低，水稻秸秆还田后分解较慢，微生物与作物之间会产生长期的"争氮"现象，阻碍小麦的生长和分蘖，导致小麦有效穗数和穗粒数偏低，降低小麦产量。此外，在秸秆分解的早期阶段，还会产生一些有机酸、酚类和其他等位化学物质，这些物质可能会影响作物苗期的生长。

第四节　农田土壤固碳与温室气体排放

土壤有机质是指存在于土壤中的所有含碳的有机物质，它包括土壤中各种动植物残体、微生物体及其分解和合成的各种有机物质，是土壤的重要组成部分。尽管土壤有机质只占土壤总重量的很小一部分，但其数量和质量是表征土壤质量的重要指标，它在土壤肥力维持、环境保护、农业可持续发展等方面都有着很重要的作用和意义。一方面，有机质含有作物生长所需的各种营养元素，是土壤微生物生命活动的能源，并可以影响土壤理化性质；另一方面，土壤有机质对重金属、农药等各种有机、无机污染物的行为都有显著的影响，而且土壤有机质在全球碳循环中起重要作用。土壤有机质由生命体和非生命体两大部分有机物质组成。我国农田土壤的有机碳含量为 $10\sim20g/kg$。肥料管理、保护性耕作和秸秆还田是目前采用较多的土壤固碳方法，其中秸秆还田是最有效、最经济的方法。

一、农田土壤固碳

秸秆还田的理论固碳潜力可达每年 $48.2\sim56.2Tg$ 碳，1850—2000 年，我国耕地因矿化和淋溶损失了 $5.86Pg$ 碳。农业土地年丢

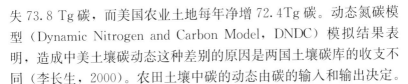

失 73.8 Tg 碳，而美国农业土地每年净增 72.4Tg 碳。动态氮碳模型（Dynamic Nitrogen and Carbon Model，DNDC）模拟结果表明，造成中美土壤碳动态这种差别的原因是两国土壤碳库的收支不同（李长生，2000）。农田土壤中碳的动态由碳的输入和输出决定。

1. 农田土壤有机碳的输入和输出　农作物收割籽粒后留在田间的残留物（根和秸秆）是补给土壤碳的重要途径。有研究表明，美国农田土壤每年释放 CO_2 高达 812Tg，但从农作物残留物获得 884Tg 碳，总体实现农田净碳积累。相比之下，我国农田土壤每年以 CO_2 形式损失的碳要多于农作物残留物补给的碳，最终导致净碳流失。尽管美国土壤通过 CO_2 排放损失的碳比我国高两倍多，但美国从农作物残留物补回的碳量为我国的 3 倍。结果是，美国农业土壤中有机碳逐年增加，而我国土壤有机碳逐年减少。在美国土壤系统中，一方面碳在大进大出，一方面又保持土壤碳的净增，这就使得每年有较多的有机质发生矿化作用，进而产生大量可给态氮支持作物生长。流失和分解矿化是土壤有机碳损失的两个主要途径。流失是指土壤有机碳随地表径流迁移。分解矿化是指土壤有机碳在微生物的作用下矿化，产生 CO_2 和 CH_4 进入大气，分解矿化导致的土壤有机碳损失量最大。当土壤处于好氧状态时，土壤中的甲烷氧化细菌和其他好氧微生物大量繁殖，土壤有机碳矿化，主要以 CO_2 的形式流失；当土壤处于厌氧还原状态时，土壤氧化还原电位降低，土壤中的产甲烷菌和其他厌氧微生物大量繁殖，土壤有机碳矿化，并主要以 CH_4 的形式损失。

2. 秸秆还田与土壤固碳　土壤有机质是保障农业生态系统稳产高产和环境安全的重要因素。土壤有机质可通过土壤的矿化作用为作物提供营养元素，是作物速效养分的源泉，可增加土壤氮、磷、钾含量。土壤有机质的存在有利于土壤涵养水分，保持团粒结构。而有机质损失则会导致土壤沙化，引发一系列环境问题。土壤有机质日益减少会对农业生产造成不利影响。模型预测和大田试验结果均证明，秸秆还田通过提高土壤微生物和群落多样性形成土壤大团聚体，促进外源有机质转化为土壤有机质。土壤固碳率与秸秆还田量和耕作方式紧密相关。此外，一些研究还表明，气候条件、土壤质地、地理环境和作物品种等对土壤固碳率也会产生较大影响。在我国，适当的秸秆还田是目前最有前景、最可持续、最经济、最可行的固碳方式。

（1）秸秆还田量对土壤有机碳积累的影响。确定适当的秸秆还田量一般基于两个方面的考虑：一是维持或提高土壤肥力，确保农田生态系统的良性运转；二是不会对生态系统造成不利影响。

国内外的研究表明，与秸秆不还田相比，秸秆还田能显著提高表层土壤中有机碳、不稳定有机碳和稳定有机碳的含量。随着秸秆还田量的增加，土壤中有机碳含量也会在一定范围内增加。基于20年的长期定位试验研究发现，秸秆还田土壤的有机碳含量与秸秆不还田土壤相比，可以增加30%以上，增加的有机碳主要是易氧化有机碳。但也有研究表明，秸秆还田对土壤中易氧化有机碳的含量没有显著影响。秸秆还田可以增加土壤中可溶性有机碳的含量。有学者提出，虽然秸秆还田可以提高土壤有机碳含量，但提高中活性碳和高活性碳含量的效果并不明显。这种情况可能受秸秆还田量的影响。

秸秆还田过多或过少都不利于土壤有机碳的积累和作物生长。若秸秆还田量过高，由于作物秸秆的 C/N 相对较高，在分解过程中会与作物争氮，影响作物的生长和微生物的增殖，进而影响还田秸秆的分解。此外，未及时腐解的秸秆还可能会影响下茬作物的播种和出苗。若秸秆还田量过少，虽然分解后的秸秆能在一定程度上增加土壤中的有机碳含量，但地表径流和土壤有机质的矿化会消耗更多的有机碳，土壤有机碳的总体含量会降低。研究发现，在稻麦轮作体系中，与其他秸秆还田率相比，75%的水稻秸秆和小麦秸秆还田率（6 750kg/hm² 水稻秸秆、4 500kg/hm² 小麦秸秆）提高土壤有机碳含量和质量的效果最为显著；50%的水稻秸秆和小麦秸秆还田率（4 500kg/hm² 水稻秸秆、3 000kg/hm² 小麦秸秆）可显著提高土壤有机碳和微生物生物量碳含量；而 25%的水稻秸秆和小麦秸秆还田率（2 250kg/hm² 水稻秸秆、1 500kg/hm² 小麦秸秆）

可显著提高土壤水溶性有机碳和可溶性有机碳含量。这种差异可能受到试验区水、热等气候条件和土壤质地、pH、含水量等土壤条件的影响（Jin et al.，2020）。

（2）秸秆还田时间对土壤有机碳积累的影响。秸秆连续还田年限也会影响土壤有机碳含量。一般来说，随着连续秸秆还田年限的增加，土壤中有机碳含量和可溶性有机碳含量都会增加，但增加速度会逐渐降低，当土壤有机碳含量达到饱和状态时，外源有机碳的持续输入会产生激发效应，加速土壤有机碳的矿化。此时，持续的秸秆还田不仅不会增加土壤有机碳含量，甚至还会导致土壤有机碳含量下降。关于短期秸秆还田对土壤有机碳积累的影响，目前学术界还没有统一的结论。有研究认为短期秸秆还田可以增加土壤中有机碳和不稳定有机碳含量，显著提高有机碳的质量；但也有研究认为短期秸秆还田对土壤有机碳和不稳定有机碳含量没有显著影响。一项为期两年的试验表明，秸秆直接还田增加 23.9% 的土壤有机碳。我国东部地区稻麦种植系统的短期秸秆还田可以显著增加土壤有机碳，但对中部地区土壤有机碳影响不大。一般 3 年以内的秸秆还田导致土壤有机碳变化的可能性较小，而连续 3~15 年的秸秆还田可显著增加土壤有机碳。然而，长期的秸秆还田可能会使土壤有机碳达到饱和。也有研究发现，在秸秆还田的前 5 年，表层土壤有机碳增加了 8 110t/年，而这一数值在之后的长期（<20 年）还田过程中降至 34.4t/年。这些差异可能是由气候和土壤环境的差异以及秸秆还田量不同造成的。在连续轮作体系中，连续、适量的秸秆还田有利于土壤有机碳的积累。在实际农业生产过程中，考虑到秸秆还田初期的残留量，连续秸秆还田时的秸秆还田量随着连续秸秆还田年限的增加适当减少对于土壤固碳的效果可能更佳。

（3）秸秆还田方法对土壤有机碳积累的影响。作物秸秆还田方法可分为直接还田和间接还田两类。直接还田是指秸秆不经处理或经简单处理后直接还田，通常与土壤耕作结合进行。间接还田是指将秸秆经过长期高温腐熟、微生物分解等方法处理后再还田。由于秸秆间接还田工作量大、成本高，在目前的农业生产过程中，一般进行秸秆直接还田。

秸秆还田方式对土壤有机碳积累有很大影响。秸秆翻压比秸秆覆盖更有利于土壤有机碳的积累，但秸秆覆盖更有利于不稳定有机碳的积累。一些学者认为，秸秆覆盖还田的秸秆分解率比秸秆翻埋还田低，还田后有机质的含量也有差异，秸秆翻埋还田更有利于增加土壤中的有机质，并且随着还田年限的延长，秸秆翻埋还田增加土壤中全氮和有机碳含量的效果更显著。在水分充足的情况下，秸秆翻埋后的腐解效率高于秸秆覆盖，秸秆翻埋通过促进土壤有机质对养分的吸收和固定减少土壤有效养分的淋失。例如在我国干旱少雨的北方地区，秸秆覆盖还田增加土壤有机质的效果往往比秸秆翻埋还田更显著，秸秆覆盖还田可以调节地表土壤温度、抑制土壤水分蒸发、提高土壤有机质的矿化率和土壤养分的有效性。然而，在湿润的温带地区，秸秆覆盖还田可能会延长生长季早期的寒冷和潮湿土壤条件，减缓土壤有机质的矿化率并降低养分的有效性，从而降低作物产量。

与翻埋秸秆相比，常规混旋秸秆与土壤的接触更好、分解更快，因此能在短时间内提高土壤有机碳含量、易氧化有机碳含量和碳库管理指数，但随着时间的推移，这些指标会逐渐降低。但集中翻埋秸秆的分解速率相对较慢，土壤有机碳含量会随着时间的推移缓慢增加，二者的差异会越来越小，最终高于秸秆常规混旋土壤。耕作使还田的秸秆与土壤紧密接触，秸秆分解快，土壤有机碳积累快，但如果耕作强度过大，会破坏原有的土壤结构，加剧土壤的干-湿、冻-融作用，加剧土壤中富碳大团聚体的破坏，影响大团聚体的形成和稳定，破坏团聚体对有机碳的物理保护作用，形成许多含有机碳和游离有机质的小团聚体；然而，小团聚体截留土壤有机碳的能力有限，游离有机质的稳定性差，加速了土壤有机碳的矿化，增加了土壤有机碳的流失。然而，免耕、少耕和其他保护性耕作方式对土壤的扰动较小，减缓了土壤大团聚体的周转，使土壤团聚体在生物积累区和矿化区之间保持分离，降低了土壤团聚体中有机碳的矿化率，延长了有机碳在团聚体中的储存期，减缓了其在土壤中的循环速度，增加了土壤有机碳含量。在稻麦轮作系统中，稻麦双季秸秆还田土壤中有机碳和可溶性有机碳的含量高于单季秸秆还田土壤；单季小麦秸秆还田土壤的有机碳含量高于单季水稻秸秆还田土壤，这可能与水稻生长期土壤含水量和温度较高、秸秆分解速率较快有关。不过，小麦生长期的秸秆分解量可能仍然多于水稻生长期的秸秆分解量，因为小麦生长期较长，麦季还田秸秆的分解速率慢于稻季还田秸秆的分解速率。研究表明，小麦生长一季后，表层土壤中的秸秆残留率约为 60%，中下层土壤中的秸秆残留率约为 40%；水稻生长一季后，表层土壤中的秸秆残留率仅约为 25%，中下层土壤中的秸秆残留率仅约为 20%。因此在选用秸秆还田方式时，应因地制宜、综合考虑。综上所述，秸秆还田与免耕、少耕等保护性耕作措施相结合，有利于土壤有机碳的积累。

（4）土壤含水量对秸秆还田条件下土壤有机碳积累的影响。研究发现年均降水量（MAP）<400mm 时，秸秆覆盖还田比秸秆翻埋还田对土壤有机碳增加的效果更显著；当 MAP>800mm 时，结果正好相反。土壤含水量在 15.0%～22.5% 范围内，还田秸秆的分解速率较快，而当土壤含水量低于 15% 时，还田秸秆的分解速率较慢，而当土壤含水量为 60% 时，土壤有机碳的分解速率最快。有氧条件下，土壤中的有机碳含量随着土壤含水量的增加而减少；而在厌氧条件下，土壤中的可溶性有机碳含量随着土壤含水量的增加而增加。涝害条件下产生的厌氧环境会减少土壤微生物的种类和丰度，从而降低土壤有机质的矿化速率，增加土壤有机碳的含量。基于以上研究，土壤含水量偏低（15.0%～22.5%）有利于土壤有机碳的积累。

二、秸秆还田对温室气体排放的影响

CO_2、CH_4 和 N_2O 是三大重要的生物源温室气体。CH_4 和 N_2O 的全球增温潜势分别是 CO_2 的 28 倍和 298 倍。在全球范围内，源自土壤的 CH_4 和 N_2O 排放量约占人为排放量的 42% 和 59%。人们普遍认为，秸秆还田为微生物提供了更多有效碳和氮，秸秆还田后，作物生产力、土壤湿度和土壤孔隙度刺激了土壤中CO_2、CH_4和N_2O的排放。同时，秸秆还田引起的土壤性质的改变也会影响温室气体的排放。但也有学者认为，还田秸秆经土壤微生物腐解产生的腐殖质会阻碍农田温室气体排放，进而减缓温室效应。

Shi等（2023）的相关研究表明，在现有秸秆利用方式中，秸秆饲料化利用的温室气体排放系数最低（375g/kg），其次是秸秆还田（482～1 165g/kg）。值得注意的是，不同类型的作物秸秆还田造成的温室气体排放因子差异显著，其中水稻秸秆的排放系数最高，主要是由于水稻秸秆还田后厌氧分解会产生大量CH_4。1950—2019年，综合考虑作物秸秆利用的各种途径，小麦秸秆和玉米秸秆的温室气体排放强度均呈现先增后减的趋势，在1980—1989年分别达到峰值（图2-8）。而水稻秸秆的温室气体排放强度则呈增加趋势。由于全国秸秆还田政策的实施，2010—2019年，还田秸秆保留比例达到63%，而其温室气体排放强度占总强度的74%。在温室气体组成方面，CH_4占温室气体的一半以上。

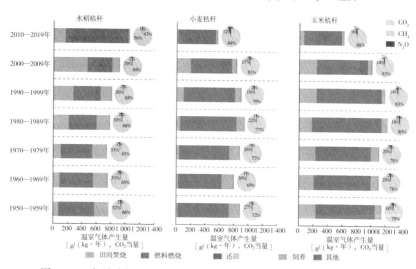

图2-8　水稻秸秆、小麦秸秆和玉米秸秆综合利用产生的温室气体
（Shi et al.，2023）

1950—2009 年，作为燃料燃烧以及田间焚烧的作物秸秆是 CO_2 排放的主要来源，占总排放量的 80% 以上（图 2-9）。该来源的 CO_2 排放量在 2010—2019 年迅速下降。在秸秆引起的 CH_4 排放方面，与小麦秸秆和玉米秸秆相比，水稻秸秆是 CH_4 的主要来源。

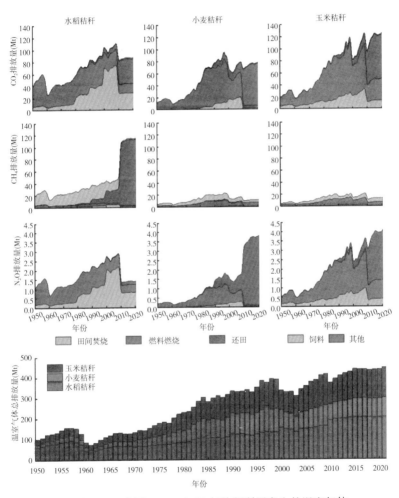

图 2-9 我国 1950—2019 年秸秆利用产生的温室气体

(Shi et al.，2023)

长期以来，CH_4 排放主要来自动物食用水稻秸秆后的肠道发酵，排放量在 1 000 万～2 500 万 t。2010 年以来，水稻秸秆还田产生的 CH_4 排放量激增，主要原因是作物秸秆数量和秸秆还田比例进一步增加。对于 N_2O 而言，排放量的增加主要是由小麦秸秆或玉米秸秆还田引起的，水稻秸秆还田造成的 N_2O 排放量增加并不明显。

（一）CO_2

随着作物秸秆还田量的增加，土壤有机质矿化（表现为土壤微生物呼吸作用）也会急剧增加。有研究提出，微生物呼吸与小麦秸秆还田量呈非线性相关关系，在秸秆还田量为 2.2 g/kg 时达到饱和。与此相反，有研究指出，土壤呼吸随着秸秆添加量的增加而线性增加。秸秆还田提供了大量易矿化有机质，导致 CO_2 排放增加；同时，大量有效碳的供应刺激微生物活性，加速了土壤固有有机碳的分解，进一步增加了 CO_2 排放。

土壤呼吸随秸秆还田量的增加呈非线性增加还是线性增加主要取决于微生物生物量和微生物活性。当碳供应充足时，C/N 的增加可能无法满足微生物化学计量要求，从而促进微生物降解有机质获取养分。这种微生物养分挖掘机制一般可以解释随着作物秸秆的增加有机质稳定性降低的现象。此外，平衡土壤养分化学计量可以提高土壤残渣碳向土壤有机碳的转化效率。与此相反，微生物和资源的化学计量吻合，添加氮肥或磷肥可能导致秸秆碳和天然有机质的共代谢，从而增强微生物活性和促进胞外酶的产生。

（二）N_2O

秸秆还田对 N_2O 排放的影响因秸秆 C/N、气候条件、土壤质地和土壤 pH 而异。有研究证实，秸秆还田后 N_2O 排放量与秸秆的 C/N 负相关，土壤矿物氮的有效性随外源有机物料 C/N 的增加而降低。据研究，作物秸秆 C/N≥45 或含氮量为 1.7%～1.8% 时，氮固定通常较强。有研究者认为秸秆还田一般不会造成 N_2O 排放增加；但也有研究者指出，N_2O 排放在旱地土壤中显著增加，在水田土壤中显著减少。旱作农田土壤中，一般认为秸秆还田导致 N_2O 释放增加是因为还田秸秆增强了土壤碳、氮底物的有效性。

但也有研究发现冬小麦—夏玉米轮作农田系统中，与化学氮肥单施相比，秸秆还田耦合化学氮肥施用可以显著减少 N_2O 的排放，这可能是由于高 C/N 的秸秆还田后诱导了微生物对氮的固定。此外，秸秆还田对土壤 N_2O 排放的影响与秸秆碳输入量、秸秆还田对土壤呼吸作用的影响正相关。最显著的促进效果发生在 $60\%\sim90\%$ 土壤充水孔隙度和土壤 pH 为 $7.1\sim7.8$ 条件下。除沙粒或黏粒含量 $\leqslant10\%$ 的土壤外，其他质地土壤中秸秆还田均有促进作用。然而，对于大于 90% 土壤充水孔隙度的土壤，则表现出抑制效果。一项持续两年的 N_2O 释放潜在分子机制研究发现，秸秆还田通过刺激硝化微生物刺激 N_2O 产生，通过抑制完全反硝化减少 N_2O 的还原，进而增加 N_2O 的释放。也有研究发现在小麦—玉米和小麦—水稻轮作系统中，秸秆还田均降低小麦季土壤 N_2O 排放量。在稻田等厌氧环境中，秸秆还田可能会增加微生物的有效碳，促进微生物消耗氧气，进而为反硝化提供有利条件，刺激 N_2O 排放。研究发现，秸秆还田后的 $2\sim5$ 年里，N_2O 排放明显增加。这可能是秸秆 C/N 和土壤有效氮共同作用导致的。C/N<40 的作物秸秆还田后可能会通过增加土壤有效氮来刺激土壤硝化和反硝化，从而促进土壤中 N_2O 的排放；而 C/N>40 的作物秸秆还田后可能会促进微生物固氮，即产生"氮束缚"效应，从而减少 N_2O 的产生。

近年来，有越来越多的研究关注农田温室气体 N_2O 减排。硝化抑制剂和脲酶抑制剂是两种常用土壤调理剂。硝化抑制剂，如 N-serve、Agrotain、Didin、Didin-liquid、PIADIN、NAM 等，可抑制氨单加氧酶（AMO）活性，从而抑制硝化过程，进而有效减少 N_2O 排放。研究发现，添加硝化抑制剂 PIADIN 后，N_2O 排放量减少了 41%，施用双氰胺（DCD）可减少 $72.7\%\sim83.8\%$ 的 N_2O 排放，使 $NO_3\text{-}N$ 浓度降低 $25.0\%\sim53.1\%$，同时施用正丁基硫代磷酰三胺（NBPT）和 DCD 能有效地减少华北平原耕地土壤的 N_2O 排放。Meta 分析结果表明，硝化抑制剂可使 N_2O 排放量减少 $31\%\sim48\%$。但也有研究指出，硝化抑制剂会增加土壤中化学肥料和动物粪便的 NH_3 排放，虽然 NH_3 并非温室气体，但它可能是土壤中N_2O形成的主要源。硝化抑制剂促进NH_3挥发所引起的N_2O间接排放，很大程度上抵消了其对N_2O的减排效果。脲酶抑制剂已被广泛用于克服施用尿素后的NH_3挥发问题。室内试验和田间试验结果表明，添加脲酶抑制剂会限制尿素的正常转化和挥发，N-NBPT和苯基磷酰二胺（PPD）是目前比较有效且应用广泛的脲酶抑制剂，但其效率主要受土壤pH、温度、耕作等因素的影响。

（三）CH_4

我国是世界上最大的水稻生产国，稻田面积大约为2 700万hm^2，占世界稻田总面积的30%。据估算，我国稻田CH_4排放量约为740万t，占我国农业源碳排放总量的20%。水稻种植过程中的CH_4排放主要是指土壤中产生的CH_4经过氧化、传输后的净效应。稻田CH_4的产生主要是在淹水形成的厌氧环境中，土壤有机碳、根系分泌物、土壤微生物残体和施入的有机物料等被土壤中产甲烷菌分解利用的结果（夏龙龙等，2023）。土壤产生的CH_4会在水稻根系泌氧区或者土壤表面的氧化层被甲烷氧化菌氧化为CO_2和H_2O，未被氧化的CH_4则主要通过水稻通气组织被排放到大气中。因此，减少土壤CH_4产生、促进CH_4氧化、抑制CH_4传输的措施均能有效降低稻田CH_4排放量。秸秆还田是影响稻田CH_4排放的因素之一。通过对大量田间试验结果进行分析发现，秸秆还田措施会增加稻田CH_4排放，而且CH_4增幅与秸秆还田量之间存在正相关关系。主要原因在于秸秆含有大量不稳定化合物，包括纤维素和半纤维素，因此秸秆还田为产甲烷菌提供了碳底物，进而促进了CH_4产生。秸秆还田导致CH_4排放量升高的另一个原因是微生物消耗氧气导致甲烷氧化菌活性受到抑制。

联合国政府间气候变化专门委员会（IPCC）估算稻田CH_4排放量的方法是假设秸秆添加的效果随时间的变化保持不变，也就是默认稻田秸秆还田对CH_4排放的促进效应仅与还田量有关，与还田年限无关。中国农业科学院作物科学研究所张卫建老师团队通过15年长期定位试验发现秸秆对CH_4排放量的影响随还田年限的延长而显著降低，综合国内外已有成果，发现IPCC对秸秆

还田的 CH_4 排放量高估了 48%（Jiang et al.，2019）。还田初期，还田秸秆和稻田淹水迅速激发产甲烷菌生长，产生大量 CH_4。此时，土壤中的氧气主要通过水稻植株和根系输入，而水稻植株和根系生长受秸秆还田抑制，影响了氧气输送，甲烷氧化菌生长受影响，导致稻田 CH_4 不能被氧化，排放量增加。蔡祖聪教授团队发现还田约 3 年后，稻田土壤肥力显著提高，水稻植株和根系生长旺盛，促进了氧气输送，土壤含氧量迅速提高，甲烷氧化菌快速增加，将 CH_4 氧化成 CO_2，CH_4 排放量显著下降（Ma et al.，2009）。

降低还田秸秆中碳组分的有效性是稻田 CH_4 减排的关键。研究发现，与新鲜的秸秆相比，将秸秆好氧发酵后还田明显降低了对稻田 CH_4 排放的促进效应。原因在于好氧发酵过程会进一步降低秸秆中易分解碳含量，提高木质素等难分解碳含量，降低对土壤产甲烷菌的刺激效应。如果将秸秆进一步炭化为生物质炭还田，能够将其对稻田 CH_4 排放的正效应转变为负效应。大量田间试验结果表明，生物质炭还田平均减少稻田 26% 的碳排放。据估算，如果将我国所有水稻秸秆炭化为生物质炭还田，能够降低我国稻田 CH_4 排放量 470 万 t，减排比例为 59%，与此同时提高了稻田土壤碳库储量 275%。甲烷减排的主要原因为：①生物质炭中的碳组分绝大部分为惰性碳，很难被土壤产甲烷菌利用；②生物质炭施用能够提高土壤甲烷氧化菌活性，促进 CH_4 氧化，减少 CH_4 排放。长期施用生物质炭可有效降低双季稻土壤中产甲烷菌和甲烷氧化菌的比值，降低 CH_4 排放量。

第五节 农田生物多样性与病虫草害发生

一、秸秆还田与农田草害

秸秆还田可有效抑制田间杂草的生长，降低杂草密度和多样性，是优化农田生态环境的一种有效措施。

作物类型是降低杂草密度的最重要影响因子，主要原因在于：

①不同作物产生的根系分泌物不同，导致根际微生物群落结构存在差异，进而影响作物对相邻杂草的抑制程度；②种植不同作物的农田土壤呼吸存在差异，土壤温度是引起上述差异的主要因素之一。小麦生长季气温较低，因此相较于其他作物，小麦田的土壤呼吸速率较低，秸秆的腐解效率下降，进而降低了抑草效应。除此之外，不同农田所使用的还田秸秆类型不同，所释放的化感物质及其腐解产物不同，使得其对农田杂草的影响也存在差异。

除了作物类型之外，秸秆还田量、还田方式、温度、年平均降水量对秸秆还田的杂草密度抑制效应也存在显著影响。秸秆还田量的差异不会改变杂草密度抑制效应，但会影响其作用强度（苏尧等，2024）。研究发现＞7 000kg/hm² 秸秆还田量的抑草效果最好，这可能是由于较高的秸秆还田量可形成有效覆盖，遮蔽杂草生长空间。秸秆覆盖还田抑制杂草效果显著，在小麦田应用秸秆覆盖还田技术使小麦杂草减少 58.30％～93.20％。小麦秸秆全量覆盖还田和全量浅旋还田对稻田千金子、稗草、鸭舌草等杂草具有良好的抑制作用。在小麦高留茬条件下，秸秆覆盖 30d 后对杂草抑制效果显著，其中对稗草和阔叶杂草的防效分别为 89.25％和 100.00％，同时能够有效抑制杂草种子萌发，并改变土壤微生物环境。温度和降水量是影响土壤有机质含量的主要因子。相对较高的温度和较大的降水量可能会一定程度上改良微生物群落结构并增强其生物活性，以加速秸秆的腐解与化感物质的释放，进而提高秸秆对杂草的抑制效应。干燥少雨的环境中由于水热不足，可能会导致秸秆养分的净释放量降低，最终使得抑草效应有所降低。

秸秆还田也可以显著抑制杂草多样性，不同条件下抑制效果存在差异，其中秸秆还田量是最主要的影响因子。随着秸秆还田量的增加，杂草多样性逐渐降低，这可能与土壤 C/N 有关，过高的 C/N 不能为具有较高多样性的农田杂草区系提供足够的氮。研究发现，冬闲玉米田在双倍秸秆还田后，农田杂草多样性下降了 71.60％。有研究在油菜秸秆覆盖对棉田杂草影响的研究中发现，杂草的抑制效果随着秸秆覆盖量的增加而增强，0～20cm 土层杂草种子密度减小，但可能增加0～5cm土层杂草种子的多样性，这是秸秆还田量的不确定性导致的，在一定程度上影响了除草效果。除了秸秆还田量之外，作物类型和土壤质地也是影响该抑制效应的关键因子。研究发现，种植不同作物土壤的理化性质及微生物群落结构存在差异，因此玉米田的杂草多样性抑制效果好可能是由于土壤有效养分含量高，微生物代谢活性强，进而导致秸秆腐解效率高。然而，秸秆还于稻田后杂草多样性并未发生显著降低，这可能是由于秸秆还田作为一项田间管理措施，其引起的生态环境变化可能会抑制稻田淹水环境下原有水生杂草优势种群的生长，使得杂草群落结构组成趋于平衡，进而不利于秸秆还田对杂草多样性的抑制。土壤质地作为土壤重要的物理特性之一，严重影响土壤的水、肥、气、热状况。相较于壤土与黏土，沙质土壤水热条件较差，不利于杂草种子的存活。

　　尽管秸秆还田对杂草密度和多样性均有显著的抑制效果，但对比两者的总体效应值可以发现，秸秆还田对前者的抑制效应要显著高于后者，这在某种程度上说明杂草密度与多样性对秸秆还田的响应机制不同。因此，单独采用秸秆还田防除杂草缺乏持续稳定的控制作用，需结合其他物化因素对农田草害进行综合防治。总体效应值存在较大差异可能是由于杂草密度和多样性对各种条件因子的响应机制不同。例如，在亚热带季风气候条件下秸秆还田对杂草密度的抑制效果较好，而杂草多样性的抑制效应在温带季风气候区较显著，这可能是由于更温暖的气候条件下杂草的物种丰富度更高。因此，相较于亚热带季风气候，温带季风气候更有利于田间杂草多样性的降低。另外，秸秆还于水田对杂草密度的抑制效应要明显高于旱地，而水田环境中秸秆还田对杂草多样性的抑制效应却并不显著。将秸秆覆盖还于壤质土壤虽然可以显著降低杂草密度，但不能使杂草多样性显著降低。此外，不同耕作方式可通过扰动土壤结构来改变土壤理化性质及微生物特性，进而影响农田杂草的生长发育进程。免耕与旋耕翻动的土壤深度相对较浅，从一定程度上限制了深土层杂草种子的出苗，减小了可出苗杂草的土层分布范围，进而提高了秸秆还田对杂草的集中防除效果。然而，这两种耕作方式下杂草多样性并未显著降低，这可能是由于保护性耕作对土壤的扰动较小，有利于杂草群落内不同生态位的保持，因此该条件下农田杂草多样性会有所提升。综合上述差异可以看出，杂草密度的显著降低可能并不会伴随着杂草多样性的显著降低，这一研究结果说明在草害防治工作中应注意杂草密度和多样性的平衡。杂草密度在草害防治工作中是必须降低的指标，而保持一定的田间杂草多样性或许有利于农田养分的循环与资源的多级利用。

二、秸秆还田与农田病虫害

关于秸秆还田是否导致作物病虫害增加这一问题，目前还没有较为统一的结论。有研究表明，作物秸秆可促进某些微生物对农药混合物的降解，尤其是完全分解的无病原体秸秆可避免土传病害的加重。然而，也有研究发现，秸秆在分解过程中释放的化学物质会抑制作物的生长和发育，并且下茬作物极易受到在秸秆中长期存活的真菌病原体的影响，从而诱发作物土传病害根腐病。农田病虫害的成因复杂，秸秆还田对病虫害的影响与秸秆本身是否携带病原菌、虫卵和幼虫以及秸秆类型、还田方式、还田量、土壤性质等因素密切相关（李天娇等，2022）。

在秸秆还田之前，首先要确认秸秆是否携带病原菌、虫卵和幼虫等，带菌秸秆还田会造成菌源积累，为害虫提供优越的栖息场所、丰富的食物来源和舒适的越冬环境，进而增加土壤中的病原菌，加大作物病害发生流行的潜在威胁，引发地下害虫。

秸秆还田引起病虫害发生的另一个重要原因通常是秸秆粉碎程度不够，秸秆分散覆盖在土壤表面，腐解过程缓慢，为病原菌越冬和繁殖创造有利环境，加重下茬作物病害的发生（张杰等，2023）。有研究发现，玉米秸秆还田后小麦纹枯病、全蚀病、根腐病等土传病害发病率有所上升，同时秸秆被微生物分解产生的物质对作物根系抗病性有不利影响，加重土传病害。研究发现，秸秆覆盖还田也

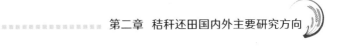

可能会加重蛴螬、地老虎、金针虫等地下害虫的发生。因此，需根据还田地块实际情况，合理控制秸秆粉碎、掩埋情况，提高还田作业的规范性，对于秸秆量较大的区域，可以结合实际情况，按照推荐剂量施用秸秆腐解剂，加速秸秆腐解，保证在下茬作物播种时将未腐解秸秆量控制在一定范围内。

在不同秸秆还田方式中，有关秸秆覆盖还田引发病虫害的报道相对较多。究其原因，可能是秸秆覆盖还田会降低土壤透气性，增加土壤温湿度，为病害的发生提供有利条件。相比之下，秸秆翻埋还田处理的病害发生率相对较轻。研究发现，秸秆深翻还田在20～30cm土层抑制玉米螟发生的效果显著，秸秆深耕还田相对于浅旋还田对棉铃虫和甜菜夜蛾等害虫造成的伤害较大，可有效抑制幼虫基数，减少对玉米生长发育的危害。秸秆还田能减少纹枯病菌在小麦和玉米之间的交互侵染。秸秆经过腐熟处理后再还田可减少病害的发生，秸秆堆肥的施用能够改变土壤生物群落的多样性，对枯萎病病原菌具有良好的抑制作用。不同的还田方式对害虫的发生也存在影响，秸秆还田免耕将加重作物虫害的发生。但秸秆还田过程中，机械粉碎秸秆能有效杀死秸秆中越冬的害虫，深翻也可以有效降低地下害虫的发生程度。

不同的秸秆还田量对根腐病的发生有不同程度的抑制作用。还田量为 10～20t/hm^2 处理的抑制效果明显，而还田量为 20～30t/hm^2 处理的抑制效果不明显。在强酸性土壤（pH＜4.5）中，秸秆还田能显著抑制根腐病的发生，而在碱性土壤（pH＞7）中的抑制程度更大。就土壤质地来看，在沙质土和沙壤土中，秸秆还田会抑制根腐病发生，而在壤土中，秸秆还田则会提高发病率。

长期秸秆还田提升了土壤有机质含量，但在雨水多的地区会造成杂草丛生的现象。秸秆中掺杂杂草种子，还田后杂草密度增加与作物竞争生长空间，特别是增加了玉米褐斑病、纹枯病、金针虫等病虫害的发生。但坚持秸秆科学还田不会增加杂草和病虫害，反而会减少危害的发生。秸秆还田配施腐熟剂，在秸秆腐熟的过程中，会抑制秸秆中的草籽、有害病菌，在操作时要注意去

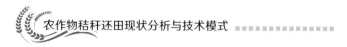

除带病秸秆。建议病虫害严重的地块，秸秆经过腐熟处理再还田。

三、秸秆还田介导病害发生的可能机制

秸秆还田对病害的影响与秸秆种类和土壤本底 pH 有关。在寄主植物的根系被感染之前，病原菌必须适应诸如土壤 pH、含氧量、养分的种类和数量等非生物因素的突然变化，以及与其他土壤微生物的竞争等生物压力。

秸秆对土壤 pH 的影响是多个过程综合作用的结果，包括秸秆降解过程中产生的碱性物质、净氮矿化和随后的硝化作用。研究表明，作物根腐病在强酸和强碱性土壤中明显受到抑制，而在土壤接近中性时，结果相反。弱酸性土壤中秸秆还田对微生物群落结构的影响最小，病原菌容易存活。

研究发现，碱性和氮含量高（C/N 低）的秸秆还田对土壤环境有益。混合施用高、低 C/N 的秸秆可以提高土壤肥力，提高作物抗病能力。例如豆科植物苜蓿的秸秆还田后不易富集病原菌。氮肥增加作物根系体积：一方面可能会产生更多的葡萄糖苷酸，而葡萄糖苷酸对土壤中的病原体有毒性；另一方面可能促进根部木质化，减少病原菌感染。然而，过量施用氮肥会抑制土壤中活性碳和活性氮的增加。因此，秸秆还田配合少量氮肥施用有利于满足作物对 C/N 的需求以及促进秸秆快速降解。

与新鲜秸秆短时间还田相比，长期施用腐熟秸秆可为土壤微生物的健康发展提供适当的养分和盐分。因此，随着秸秆还田时间的延长，病害发生的潜在风险也会降低。研究发现，水稻纹枯病病原菌在土壤中的定殖率随着秸秆还田比例的增加而增加。秸秆还田的同时施足氮肥，刺激了土壤微生物活性，会为害虫越冬创造有利环境，但同时也为有益微生物提供了庇护场所。

研究发现，秸秆尺寸是影响根腐病发病率的主要因素之一（Yu et al.，2023）。秸秆粉碎程度越大越容易降解成为作物生长所需的有机物质。还田秸秆越长，降解越慢，大尺寸秸秆在土壤中发

挥机械屏障作用，抑制病原菌的生存、繁殖和入侵。总之，秸秆可能会通过刺激土壤微生物的反应来影响病原菌的活性。免耕秸秆覆盖还田可为土壤中的病原菌及害虫提供繁殖越冬的场所。与传统翻耕相比，秸秆覆盖还田缺少土壤翻耕环节，可能会导致杂草发芽和出苗比传统翻耕地早，且生长旺盛，给田间除草带来困难。秸秆残茬覆盖也降低了除草效果。

除秸秆尺寸外，秸秆还田前土壤本底微生物环境也是根腐病等病害的主要影响因素。病原体随还田秸秆进入土壤会增加病害发生的风险。目前，秸秆还可以通过堆肥、牲畜沼气和限氧热解条件下制成生物质炭的方式间接还田。与直接还田不同，无病原菌的秸秆还田不仅能培肥土壤，还能最大限度地减少土壤中的病原菌、害虫和杂草所造成的危害。因此，秸秆还田前的处理决定了进入土壤后传播疾病的潜在发生率。

秸秆还田需要考虑一些可调整的因素，如秸秆施用的深度（速度）及秸秆类型等。研究发现，秸秆深还田可集养分还田、保墒、病害防治于一体。因此，目前有研究者建议秸秆还田深度在 $10\sim$ 15cm 或 $20\sim25$cm，秸秆粉碎长度在 2.5cm 之内或 $10.0\sim$ 30.0cm，秸秆还田量在 $5t/hm^2$ 之内，以避免过量还田导致病原菌积累。从理论上来讲，混合施用无病原菌感染的多种作物秸秆是一种有效的还田模式，可调节土壤的 C/N。然而，从不同地方收集不同作物秸秆进行混合施用在实际操作过程中并不现实。在经济可行和操作简单的原则下，秸秆可与有机肥或外源氮肥（<0.1 t/hm^2）混合施用，以有利于秸秆被微生物快速分解。在秸秆还田后的前 50d，也就是在病原菌数量达到高峰之前，应对中性（pH 为 $6.0\sim6.5$）土壤中根腐病发病的潜在风险进行动态监测。

第三章　我国秸秆还田主要技术模式

第一节　东北地区

一、玉米连作秸秆还田技术模式

1. 玉米秸秆条带覆盖还田　技术适宜区：适用于东北西部风沙偏旱区域和东北东部耕层较薄、易春旱的岗地。

机具选择：秸秆粉碎作业选用加装秸秆粉碎抛撒装置的玉米联合收割机，收割的同时将秸秆就地粉碎、均匀抛撒。秋季深松作业选用一次完成秸秆归行、深松和灭茬碎土作业的条带耕作机，翌年玉米拔节期深松选择秸秆归行机，在机械收获后直接进行秸秆归行。

技术流程：机械收获→秸秆粉碎→秸秆归行→施肥播种→封闭除草→茎叶除草→垄沟深松（隔年深松）→中耕培土→机械收获。秸秆还田和后茬玉米管理技术流程如图 3-1 所示。

作业要求：秸秆粉碎长度≤15cm、呈撕裂状，平均留茬高度≤10cm，秸秆粉碎长度及留茬高度不合格率≤10%，抛撒不均匀率≤20%。秸秆条耕作业：春旱不严重的区域可选择秋季作业，在作物收获后至封冻前完成作业；易发生春旱的区域在春季播种前0~3d作业，若土壤墒情较为适宜，在播种当天进行条耕作业；当土壤黏湿时，需要在播前2~3d作业；在春季干旱严重的地区，一定要在春季播种前作业，可以边耕边播。对玉米秸秆进行归行处理，使播种带地表裸露，完成播种带的深松和灭茬碎土作业，播种

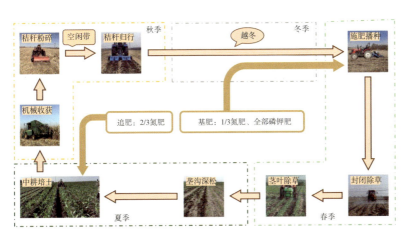

图 3-1　东北地区玉米秸秆条带覆盖还田技术流程

带 40～50cm，秸秆归行带 80～90cm，深松深度≥25cm、灭茬碎土深度 10～12cm。

2. 玉米秸秆翻埋还田　技术适宜区：适用于东北东部区域，耕层较厚、不易发生春旱的平川地块。

机具选择：秸秆粉碎作业选用加装秸秆粉碎抛撒装置的玉米联合收割机，收割的同时将秸秆就地粉碎、均匀抛撒。翻耙作业选用合适的铧式犁、圆盘耙，作业时需调整好翻耕深度，翻耕后采用对角线方式耙地。

技术流程：机械收获→秸秆粉碎→翻耕整地→耙后起垄→播前施肥→播种→封闭除草→茎叶除草→垄沟深松→中耕培土→机械收获。秸秆还田和后茬玉米管理技术流程如图 3-2 所示。

作业要求：玉米秸秆粉碎长度≤10cm，平均留茬高度≤10cm，粉碎长度合格率≥95%，漏切率≤1.5%，抛撒不均匀率≤20%。秸秆粉碎抛撒后，在封冻前完成翻地、耙地等作业，翻耕深度≥30cm，将秸秆置于 15～20cm 土层，翻后耙平耙细，垄作地块一并完成起垄，镇压后越冬。

3. 玉米秸秆碎混还田　技术适宜区：适用于东北东部区域各种土壤类型及生态区，尤其适用于土壤质地黏重、通透性差的田块

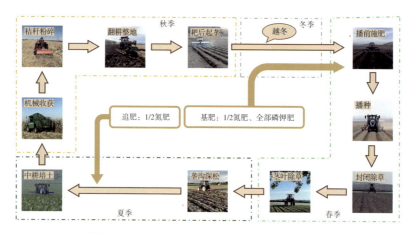

图 3-2　东北地区玉米秸秆翻埋还田技术流程

及温度低、降水量较大的区域。

机具选择：秸秆粉碎作业选用加装秸秆粉碎抛撒装置的玉米联合收割机，收割的同时将秸秆就地粉碎、均匀抛撒。碎混作业选择一次完成灭茬、深松、旋耕和起垄作业的整地机，作业时调整好作业部件的入土深度以及起垄宽度。

技术流程：机械收获→秸秆粉碎→耙茬深松（深旋耕）→起大垄（平作）→免耕播种机播种→封闭除草→茎叶除草→垄沟深松→中耕培土→机械收获。秸秆还田和后茬玉米管理技术流程如图 3-3 所示。

作业要求：玉米秸秆粉碎长度≤10cm，平均留茬高度≤10cm，粉碎长度合格率≥95％，漏切率≤1.5％，抛撒不均匀率≤20％。在封冻前完成灭茬、深松、旋耕与起垄作业，镇压后越冬；旋耕（耙）深度≥15cm，垄宽 110～130cm 或 60～70cm；或在土壤相对含水量在 25％左右时，进行对角线或与垄向呈 30°角交叉耙地 2 遍，耙深 15～20cm；低洼易涝地应起平头大垄，垄高 15cm 左右，防止秸秆堆积；漫岗地可不起垄，采用平作，春季直接播种。

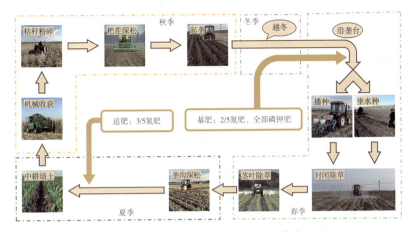

图 3-3 东北地区玉米秸秆碎混还田技术流程

二、水稻连作秸秆还田技术模式

1. 水稻秸秆翻埋还田 技术适宜区：适用于东北耕层较厚的水稻种植区，秋季不积水的田块。

机具选择：秸秆粉碎作业选用加装秸秆粉碎抛撒装置的水稻联合收割机，一次性完成作物收获、秸秆粉碎和抛撒作业；翻耕作业选用适宜水田作业的翻地犁或翻埋还田机。

技术流程：机械收获→秸秆粉碎→翻埋还田→起浆平地→封闭除草→插秧→茎叶除草→病虫害防治→机械收获。秸秆还田和后茬水稻管理技术流程如图 3-4 所示。

作业要求：水稻秸秆粉碎长度≤10cm，平均留茬高度≤10cm，秸秆粉碎长度及留茬高度不合格率≤10%，抛撒不均匀率≤10%。水稻收获后秸秆粉碎均匀覆盖地表后进行翻耕整地，将秸秆翻埋到土壤中，翻耕深度 18～25cm，漏耕率≤2.5%，重耕率≤5%；秋季秸秆粉碎后及时翻地，立垡越冬。

2. 水稻秸秆旋耕还田 技术适宜区：适用于东北耕层较薄的水稻种植区。

机具选择：秸秆粉碎作业选用加装秸秆粉碎抛撒装置的水稻联

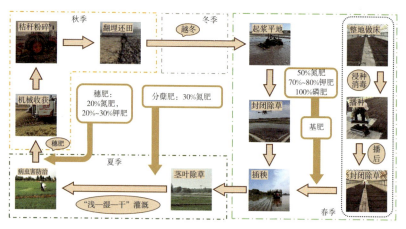

图3-4 东北地区水稻秸秆翻埋还田技术流程

合收割机，一次性完成作物收获、秸秆粉碎和抛撒作业；选用适宜水田的旋耕机进行旋耕作业。

技术流程：机械收获→秸秆粉碎→旋耕碎混还田→起浆平地→封闭除草→插秧→茎叶除草→病虫害防治→机械收获。秸秆还田和后茬水稻管理技术流程如图3-5所示。

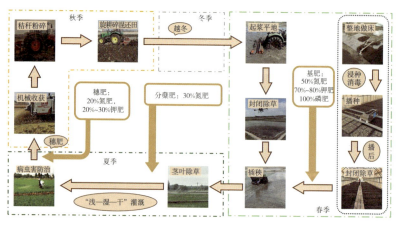

图3-5 东北地区水稻秸秆旋耕还田技术流程

作业要求：水稻秸秆粉碎长度≤10cm，平均留茬高度≤10cm，秸秆粉碎长度及留茬高度不合格率≤10％，抛撒不均匀率≤10％。水稻收获后秸秆粉碎均匀覆盖地表进行旋耕整地，将秸秆旋耕到土壤中；土壤含水量＜25％时，采用常规旋耕机进行旋耕，旋耕深度12～15cm，漏耕率≤2.5％，重耕率≤5％。

三、玉米—大豆轮作秸秆还田技术模式

1. 覆盖还田技术模式 技术适宜区：适用于东北西部风沙偏旱区域和东北东部耕层较薄、易春旱的玉米—大豆轮作区。

机具选择：选用具有秸秆粉碎装置的联合收割机或秸秆粉碎还田机进行秸秆粉碎作业。秋季深松选用一次完成秸秆归行、深松和灭茬碎土作业的条带耕作机，作业时调整好深松与灭茬碎土深度；翌年玉米拔节期深松选用秸秆归行机，在机械收获后直接进行秸秆归行。

技术流程：机械收获→秸秆粉碎→垄沟覆盖→免耕播种→封闭除草→茎叶除草→垄沟深松→中耕培土→机械收获。秸秆还田和后茬作物管理技术流程如图3-6所示。

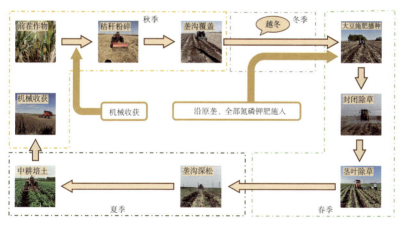

图3-6 东北地区玉米—大豆轮作秸秆覆盖还田技术流程

作业要求：秸秆粉碎长度≤15cm、呈撕裂状，平均留茬高度≤10cm，秸秆粉碎长度及留茬高度不合格率≤10％，抛撒不均

匀率≤20%。秋季或翌年春播前使用深松碎土机沿垄体进行深松碎土，沿深松碎土带播种；前茬有深耕基础或易旱地块，采取条带归行覆盖还田，将播种带秸秆归集到空闲带，沿秸秆清洁带播种；春旱重或易旱的川岗地块，采取原位覆盖还田，即在秸秆均匀覆盖地表原位不动状态下直接免耕播种。

2. 碎混还田技术模式 技术适宜区：适用于东北东部进行玉米—大豆轮作的种植区。

机具选择：秸秆粉碎作业选用加装秸秆粉碎抛撒装置的联合收割机，收割的同时将秸秆就地粉碎、均匀抛撒。碎混作业选择一次完成灭茬、深松、旋耕和起垄作业的整地机，作业时调整好作业部件的入土深度以及起垄宽度。

技术流程：机械收获→秸秆粉碎→耙茬深松（旋耕起垄）→播种→封闭除草→茎叶除草→垄沟深松→中耕培土→机械收获。秸秆还田和后茬作物管理技术流程如图3-7所示。

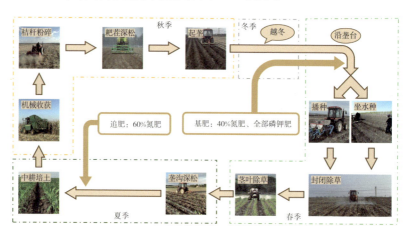

图3-7 东北地区玉米—大豆轮作秸秆碎混还田技术流程

作业要求：秸秆粉碎作业时土壤含水量≤25%，秸秆粉碎长度≤15cm，平均留茬高度≤10cm，秸秆粉碎长度及留茬高度不合格率≤10%，抛撒不均匀率≤20%，抛撒均匀、无堆积。在秸秆粉碎还田均匀抛撒覆盖地表状态下进行灭茬、深松、旋耕和起垄作业。将秸秆与 0～10cm 土层土壤混匀，秸秆覆盖度≤30%，作业时土壤含水量≤25%。在作物苗期进行垄沟或行间深松，玉米结合追肥中耕培土 1～2 次，大豆不追肥中耕培土 2～3 次。

第二节 黄淮海地区

一、小麦—玉米轮作秸秆还田技术模式

技术适宜区：适用于北京、天津、山东、河南、河北中南部、江苏和安徽淮北地区等小麦—玉米轮作种植区域。

机具选择：秸秆粉碎作业选用联合收割粉碎一体机，收获作物的同时将秸秆粉碎还田。旋耕作业选择能够一次完成灭茬、旋耕、还田、掩埋、覆盖等多道工序的旋耕机，拖拉机的牵引力和悬挂装置应与旋耕机相适应。

小麦秸秆还田技术流程：小麦联合收割机收获＋秸秆粉碎还田→免耕播种机播种玉米。小麦联合收割机收获＋秸秆粉碎还田→旋耕机旋耕还田→播种机播种玉米。玉米秸秆还田技术流程：玉米收获＋秸秆粉碎还田→旋耕机旋耕两次还田或铧式犁深耕还田→小麦播种机播种小麦。秸秆还田和后茬作物管理技术流程如图 3-8 所示。

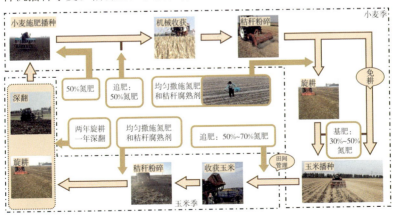

图 3-8 黄淮海地区小麦—玉米秸秆还田技术流程

作业要求：小麦、玉米秸秆粉碎长度≤10cm，粉碎长度合格率≥90%，抛撒不均匀率≤20%，漏切率≤1.5%，小麦留茬高度≤15cm，玉米留茬高度≤8cm。旋耕机将地表的秸秆混埋入土，耕深≥15cm，耕深合格率≥85%；耕后地表平整度≤5.0cm，田间无漏耕和明显壅土现象。在连续旋耕秸秆还田2～3年后，进行深翻作业1次，翻耕深度≥30cm。

二、小麦—大豆轮作秸秆还田技术模式

技术适宜区：适用于北京、天津、山东、河南、河北中南部、江苏和安徽淮北地区等小麦—大豆轮作种植区域。

机具选择：秸秆粉碎作业选用联合收割粉碎一体机，收获小麦（大豆）的同时将秸秆粉碎还田。旋耕作业选择能够一次完成灭茬、旋耕、还田、掩埋、覆盖等多道工序的旋耕机，拖拉机的牵引力和悬挂装置应与旋耕机相适应。

小麦秸秆还田技术流程：小麦联合收割机收获＋秸秆粉碎还田→免耕播种机播种大豆。大豆秸秆还田技术流程：大豆收获＋秸秆粉碎还田→旋耕机旋耕2次还田或铧式犁深耕还田→小麦播种机播种小麦。秸秆还田和后茬作物管理技术流程如图3-9所示。

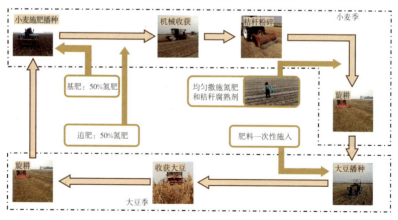

图3-9　黄淮海地区小麦—大豆秸秆还田技术流程

作业要求：小麦秸秆粉碎长度≤10cm，粉碎长度合格率≥90%，抛撒不均匀率≤20%，漏切率≤1.5%，小麦留茬高度≤15cm；大豆联合收割机需合理调节切割装置高度，留茬高度以不留底荚为准，秸秆粉碎长度≤10cm，粉碎长度合格率≥95%，漏切率≤1.5%，抛撒不均匀率≤20%。旋耕作业要求耕深不小于15cm，耕深合格率≥85%，耕后地表植被残留量≤200g/m²；耕后地表平整度≤5.0cm，耕后田角余量最少，田间无漏耕和明显壅土现象。

第三节　长江中下游地区

一、小麦—水稻轮作秸秆还田技术模式

技术适宜区：适用于湖北、湖南北部、江西北部、安徽中南部、江苏、浙江、上海等水稻—小麦轮作种植区域。

机具选择：秸秆粉碎作业选用配备秸秆粉碎抛撒（匀铺）装置的联合收割机进行收割、粉碎，粉碎匀抛小麦、水稻秸秆。选用拖拉机配置旋耕机进行小麦秸秆灭茬或深旋还田作业，配置反转灭茬旋耕机、铧式犁或犁旋一体复式机进行水稻秸秆还田作业。

小麦秸秆还田技术流程：小麦收获→秸秆粉碎匀抛→施基肥→旋耕还田→放水泡田→起浆平地→沉实→机插水稻。水稻秸秆还田技术流程：水稻收获→秸秆粉碎匀抛→施基肥→翻旋还田→播种小麦→镇压、开沟。秸秆还田和后茬作物管理技术流程如图 3 - 10 所示。

作业要求：小麦秸秆留茬高度≤15cm，否则应进行机械灭茬作业，秸秆粉碎长度≤10cm，秸秆覆盖率≥85%。小麦收获后，在正常土壤墒情条件下，秸秆还田采取旱耕深旋作业，旋耕深度为12~15cm。水稻收获一般机收前 10~15d 断水，水稻留茬高度 25~30cm，秸秆粉碎长度≤10cm，秸秆覆盖率≥85%；反旋灭茬，旋耕深度 12~15cm。在连续反旋灭茬秸秆还田 2~3 年后，可根据墒情，结合犁耕，深翻秸秆还田 1 次，翻耕深度 20~25cm。

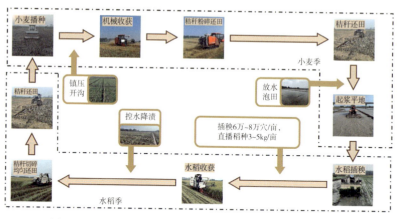

图 3-10　长江中游地区小麦—水稻轮作秸秆还田技术流程

二、油菜—水稻轮作秸秆还田技术模式

技术适宜区：适用于湖北、湖南北部、江西北部、安徽中南部、江苏、浙江、上海等油菜—水稻轮作种植区域。

机具选择：秸秆粉碎作业采用安装秸秆粉碎装置和导流装置的联合收割机进行油菜、水稻收获和秸秆粉碎。利用拖拉机配置旋耕机进行油菜秸秆灭茬或还田作业，配置反转灭茬旋耕机、铧式犁或犁旋一体复式机进行水稻秸秆还田作业。

油菜秸秆还田技术流程：油菜收割、秸秆粉碎匀抛→施基肥、喷施化学除草剂→旋耕→放水泡田（田间水面1～2cm）→起浆平田→沉实→机插水稻。水稻秸秆还田技术流程：水稻收割、秸秆粉碎匀抛→施基肥→旋耕、开沟→播种油菜。秸秆还田和后茬作物管理技术流程如图3-11所示。

作业要求：油菜秸秆留茬高度≤12cm，秸秆粉碎长度5～10cm，抛洒均匀率≥85%，每亩秸秆还田量不宜超过400kg。油菜秸秆粉碎还田后，应浅水泡田2～3d，水面深度1～2cm；旋耕深度为12～15cm，防止漏耕、重耕，平整后田块高低差不超过3cm。水稻秸秆留茬高度≤10cm，秸秆粉碎长度5～10cm，均匀抛

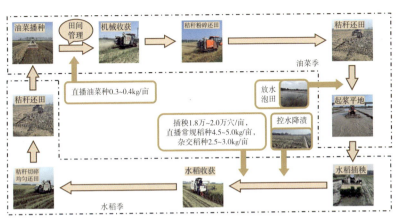

图 3-11　长江中游地区油菜—水稻秸秆还田技术流程

撒在田面，秸秆覆盖率≥85％，每亩秸秆还田量不宜超过 400kg，以原位还田为主。水稻秸秆粉碎后，旋耕深度 10～15cm；可根据墒情，每隔 2～3 年结合犁耕深翻 1 次，翻耕深度 20～25cm。

三、双季稻秸秆还田技术模式

技术适宜区：适用于湖北、湖南北部、江西北部、安徽中南部、江苏、浙江、上海等双季稻种植区域。

机具选择：秸秆粉碎作业采用配备秸秆粉碎装置和抛撒装置的全喂入或半喂入式联合收割机进行收获，同时完成秸秆粉碎、抛撒作业。

早稻秸秆还田技术流程：早稻收获→秸秆粉碎匀抛→灌水泡田→施基肥→旋耕还田→平整田地→移栽晚稻。晚稻秸秆还田技术流程：晚稻收获→秸秆粉碎还田→种植早稻。秸秆还田和后茬作物管理技术流程如图 3-12 所示。

作业要求：早稻留茬高度 25cm，晚稻留茬高度小于 15cm，秸秆粉碎长度≤10cm，粉碎长度合格率≥85％，秸秆覆盖率≥85％。水稻秸秆粉碎均匀抛撒于田面后，放水泡田 1～2d，均匀撒施晚稻基肥后，采用旋耕机进行旋耕，将粉碎秸秆埋入耕作层；采用旋耕

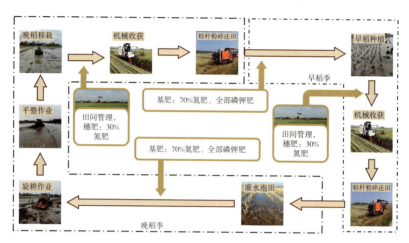

图 3-12 长江中游地区双季稻秸秆还田技术流程

机或驱动耙进行埋草作业,慢速和中速纵向和横向作业 2 遍;旋耕深度 13cm 左右,搅浆深度 8~10cm,作业水深控制在 1~3cm,无秸秆漂浮,旋耕后平整作业。

第四节 华南地区

技术适宜区:适用于福建、广东、广西、海南等南方地势平坦集中连片的水稻种植区。

机具选择:秸秆粉碎作业选用加装后置式秸秆粉碎抛撒还田装置的全喂入式纵轴流水稻联合收割机,低留茬收割水稻的同时将秸秆就地粉碎,均匀抛撒。翻耕作业选用深耕深翻机进行秸秆翻埋和土壤翻耕。

秸秆还田技术流程:机械收获(后茬作物为紫云英,收前播种)→秸秆粉碎→均匀抛洒→翻压入土→增施氮肥→油菜播种→田间种植管理→下茬作物种植。水稻秸秆还田和后茬作物管理技术流程如图 3-13 所示。

作业要求:秸秆粉碎长度≤5cm、呈撕裂状,粉碎长度合格

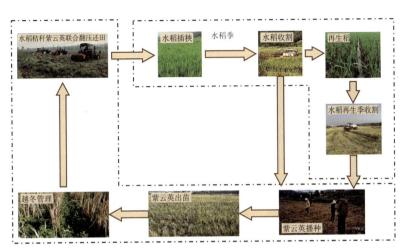

图 3-13 华南地区水稻秸秆还田技术流程

率≥95％，漏切率≤1.5％，抛撒不均匀率≤20％。后茬作物为紫云英等绿肥，联合收割机收割后秸秆粉碎覆盖还田，水稻留茬高度≥30cm，翌年春天早稻播种前用深耕深翻机将水稻秸秆和紫云英翻埋，整地。后茬作物为油菜，水稻收割时秸秆粉碎还田，留茬高度≤10cm；选用深耕深翻机进行翻埋，作业深度≥20cm，根据墒情和长势加强油菜后期水肥管理。

第五节 西北地区

技术适宜区：适用于西北地区棉花连作种植区域，包括新疆维吾尔自治区（含新疆生产建设兵团）和甘肃棉花种植区。

机具选择：南疆棉花种植区选用立式秸秆粉碎还田机，北疆棉花种植区选用卧式秸秆粉碎还田机，进行残膜回收的棉田选用有秸秆粉碎抛撒和残膜回收功能的联合作业机。

秸秆还田技术流程：机械收获→秸秆粉碎→均匀抛洒→翻压入土→开垄→增施氮肥→田间种植管理→下茬作物种植。棉花秸秆还田和后茬作物管理技术流程如图 3-14 所示。

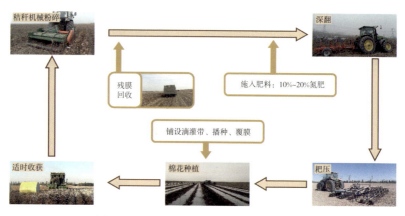

图 3-14　西北地区棉花秸秆还田技术流程

作业要求：粉碎后棉秆长度≤5cm，切根遗漏率≤0.5%，秸秆留茬高度≤8cm，粉碎后的秸秆均匀抛洒在棉田，并尽快进行秋翻，耕深≥30cm，耕层浅的地块，应逐年加深耕层，每年加深2～3cm。翻埋作业要把磨压实，松碎平整，无大土块，表土层上虚下实，以打破底层为佳。开垄宽度≤35cm，闭垄高度≤1/3耕深，翻埋秸秆覆盖率≥85%。

第六节　西南地区

技术适宜区：适用于成都平原、云贵高原平坝、四川和重庆浅丘的水稻—小麦、水稻—油菜轮作种植区域。

机具选择：秸秆粉碎作业选用加装后置式秸秆粉碎抛撒还田装置的全喂入式水稻联合收割机，低留茬收割水稻的同时将秸秆就地粉碎，均匀抛撒覆盖地表。整地作业采用翻旋机械进行灭茬、翻旋和秸秆翻埋还田一体化作业。

秸秆还田技术流程：机械收获→秸秆粉碎→均匀抛洒→翻压入土→增施氮肥→开沟排湿→田间种植管理→下茬作物种植。水稻秸秆还田和后茬作物管理技术流程如图3-15所示。

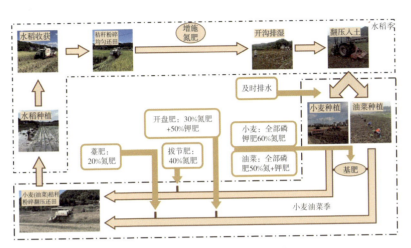

图 3-15 西南地区水稻秸秆还田技术流程

作业要求：水稻秸秆经收割机粉碎后应均匀抛洒，秸秆粉碎长度一般为 5～10cm，留茬高度≤15cm、秸秆抛撒不均匀率≤20%、粉碎长度合格率≥85%，翻压后不裸露，严防漏切。用翻旋机械进行翻压，将秸秆与表层土壤充分混匀，翻压深度在 8～10cm 即可，田面无裸露的残茬和杂草；翻后及时整地，减少水分蒸发。秸秆还田总量以收获后本田实际秸秆量为宜。

第七节　秸秆还田利用典型案例

一、天津市宁河区秸秆高效炭化还田利用

宁河区位于天津市东北部、华北平原东部。依据"宁河米仓、美食天堂"定位，全区水稻种植面积常年维持在 20 多万亩，被确定为国家优质小站稻商品粮生产基地。宁河区农作物秸秆处理主要有造纸厂收购、政策补贴离田、秸秆发电及西北牧区收购等形式。2017 年，《作物秸秆高效炭化还田关键技术集成与示范》项目批准立项，并主要在天津市宁河区实施。项目特点是制备炭基缓释氮肥及建立应用技术示范基地，辐射传播作物秸

秆炭化还田关键技术和工艺方法，解决的突出问题是为农作物秸秆综合利用提供新方法，为种植业生产提供高效环保的新型肥料。

（一）主要做法

1. 推动措施

（1）调试了秸秆炭化设备，初步掌握了水稻、玉米、小麦、棉花等秸秆炭化生产工艺，制定了不同作物生产技术规范；以水稻、玉米、小麦、棉花等秸秆生物质炭为载负基质，调试不同材质炭基缓释氮肥合成技术参数，并建立相关技术规范。

（2）进一步掌握不同材质炭基缓释氮肥的工艺流程及校正技术参数（C/N、pH）等数据；炭基缓释氮肥与普通氮肥相比，养分释放速率降低 9.5%，释放期延长 26d。示范区作物单位面积增产 15.8%，氮利用率提高 4.6%，经济效益增加 20%。

（3）建立示范基地 5 处，总面积 5 000 亩。建立科技示范户 20 户，带动农户 148 户；技术培训 410 人次，掌握该项技术的劳动者人数 262 人，辐射推广 8 000 亩；经济效益 240 万元。

（4）完善了不同作物应用炭基缓释氮肥生产性试验示范推广体系，召开 4 次现场会、2 次技术培训会。组建了技术推广团队，建立了推广应用体系。

2. 技术保障

（1）炭基缓释氮肥制备技术与工艺应用示范。以碳氮协同管理为目标，以水稻、玉米、小麦、棉花等秸秆生物质炭为载负基质，调试不同材质炭基缓释氮肥合成技术参数，并建立相关技术规范。

（2）炭基缓释氮肥应用技术示范推广。根据合成的不同材质炭基缓释氮肥养分固持与释放规律及土壤水分条件，结合水稻、玉米、小麦、棉花等作物氮养分阶段需求规律和目标产量试验示范，创建高产优质栽培模式。

（3）炭基缓释氮肥不同作物高产优质栽培模式示范。利用炭基缓释氮肥具有持肥缓释、环保、肥效长、吸光增温保温效果好、促进作物早生快发、改良土壤、所产农产品品质优等特点，以田间生产为基础，示范应用炭基缓释氮肥精量配施技术，建设技术核心示范基地，搭建技术传播平台，开展技术培训，完善技术推广体系。

（二）取得成效

结合天津市农业可持续发展与生态环境保护的战略需求，针对水稻秸秆转化利用率低、关键技术设备落后、方式粗放低值等问题，以"便捷高效、功能拓新、精化增值"为宗旨，引进秸秆低耗内热连续炭化设备，转化推广秸秆高效炭化、炭基缓控肥料制备等关键技术，技术成果通过在生产中的实际应用，取得了良好的生态、社会及经济效益，为农业废弃生物材料的资源化新辟途径，推进了资源节约型城郊农业清洁发展。

1. 经济效益 项目区小麦平均增产 48kg/亩、玉米平均增产 103kg/亩、水稻平均增产 85kg/亩，亩节支 56 元，3 年累计应用 8 000亩，共增加经济效益 420 万元。

2. 社会效益 项目针对生物质炭自身的物理化学特点及氮养分环境行为规律，结合天津市农业生产氮养分管理实际，引进应用炭基缓释氮肥制备技术，建立炭基缓释氮肥农田应用示范基地，解决农户收储、转化及利用秸秆的积极性普遍较低，秸秆随意抛弃、肆意焚烧等带来的一系列环境问题，并科学评价秸秆炭化转化技术应用前景，为天津市秸秆综合转化利用提供新途径、新方式。

3. 生态效益 与常规氮肥相比，炭基氮肥施用区农田淋失到 100cm 土体下的土壤无机氮量减少了 41.8%，氮肥利用率达到 35.7%～41.2%。项目通过改变不合理的资源利用方式、空间布局，推动绿色发展、循环发展、低碳发展，不以牺牲环境、浪费资源为代价换取一时的经济增长，走出了一条农业环境保护的新路径（图 3-16 至图 3-18）。

图 3-16　生物质炭田间试验

图 3-17　生物质炭基复合肥水稻侧深施用

图 3-18 生物质炭基复合肥施用效果

二、山西省阳城县秸秆粉碎堆沤还田利用

近年来，随着农村经济的快速发展，农业的生产方式和农民的生活方式发生了很大变化，农作物秸秆传统利用的价值和地位急剧下降，秸秆污染的问题愈显突出。如何搞好农作物秸秆的综合利用，寻找变废为宝的新途径，促进农业可持续发展，已成为全社会高度关注和亟待解决的热点、难点问题。就此问题，阳城县果丰源果蔬农民专业合作社依托阳城县农机化服务中心，成功示范推广了秸秆集中收集堆沤有机肥的新模式。

秸秆直接还田是阳城县近几年来普遍开展并行之有效的一项工作。其还田方式有玉米秸秆机械还田、小麦留高茬、麦秸麦糠覆盖、堆沤还田等。根据多年来秸秆处理的实际情况可知，由于秸秆粉碎还田比较粗放、还田前后未添加有效的秸秆腐熟剂等，地下病虫害加重、土壤结构变化导致冻害、秸秆有机质在分解时与作物根系争氮争氧，使得下茬作物产量不增反减，给局部地区的小麦生产带来一定程度的影响。同时阳城县多丘陵、多山的自然条件限制导致部分土地还田机械无法作业，制约秸秆直接还田的实施。

秸秆离田室外堆肥是秸秆无害化处理和肥料化利用的重要途径，向秸秆与人畜粪尿等有机物质中加高效的腐熟菌种，经过堆沤腐熟，不仅产生大量可构成土壤肥力的重要活性物质腐殖质，而且可产生多种可供农作物吸收利用的营养物质如有效态氮、磷、钾和各种微量元素。优点是可避免秸秆直接还田带来的减产问题，同时可在大型机械作业不便的田间地头实施。

自 2018 年起，果丰源果蔬农民专业合作社实施秸秆集中收集制作堆沤有机肥，在合作社周边村同步开展了地头秸秆粉碎堆沤。果丰源果蔬农民专业合作社以强社富民、旅游带动为主线，以"农户＋合作社＋公司"为载体，实施科技兴农、生态富民的战略。经过合作社全体员工的不懈努力，现依托优质林果花卉基地、采摘观光基地、特色菌类培育基地、中药材种植基地和科普教育基地，使用自然环保的管理方式，实现了生态系统的良性循环。

（一）工厂化集中堆沤

（1）用小麦（玉米）收获打捆机、捡拾打捆机对农作物秸秆进行打捆作为离田沤肥原料，将打捆后的秸秆或完整秸秆运送到果丰源果蔬农民专业合作社的堆沤肥场地。

（2）秸秆集中粉碎。在粉碎场地利用粉碎揉丝机［60 马力（1 马力≈735W）以上拖拉机配套］对秸秆进行统一规格粉碎处理。1 亩玉米可粉碎约 300kg 秸秆，长度为 15～20cm。

（3）配料搅拌。秸秆粉碎后放入秸秆搅拌成型机，掺入少量尿素、腐熟剂然后加入适量的水搅拌均匀进行堆肥，也可以加入适量畜禽粪便、腐熟剂加水搅拌均匀进行堆肥。技术要求：每吨粉碎后的秸秆添加 4～5kg 尿素、8～10kg 麦麸、2～3kg 玉米面、2～3kg 红糖、120～150kg 畜禽粪便、0.7～1.0kg 熟腐剂。

（4）堆沤成型。搅拌均匀后码成条型垛，宽 2～2.5m、高 1.2～1.5m。堆沤秸秆温度达到 65℃以上时可进行翻堆处理。

（5）堆沤覆盖。堆沤成型后，在垛的表面覆盖薄土层，防止水分蒸发和表层秸秆被风吹散，堆沤 1～2 个月即可回田利用。

（二）地头粉碎人工堆沤

（1）人工收集秸秆。

（2）地头集中粉碎秸秆。

（3）将粉碎后的作物秸秆直接掺入少量的尿素、腐熟剂加水搅拌进行堆肥，也可以加入适量畜禽粪便、腐熟剂，加水搅拌进行堆肥。

（4）搅拌均匀后码成条型垛，规格为宽2～2.5m、高1.2～1.5m。

（5）成型后，在垛的表面覆盖薄土层，防止水分蒸发和表层秸秆被风吹散，放置3～6个月即可回田利用。

山西省阳城县秸秆粉碎堆沤还田技术路线具有工艺的合理性和成熟性，关键技术的先进性和效果如下：

通过专业合作联合科技权威机构，与阳城县农机化服务中心、晋城市农业农村局集成创新研发有效解决了秸秆制造有机肥综合循环利用这一难题，经过深加工后使有机肥的有机质含量和营养成分达到了平衡。随着人们生活质量的提高，人们对安全农产品的需求迅速增长，因化肥、农药过量使用导致产出的农产品质量安全性不高、出口受阻的事件不断增多，长期以来过分依赖化肥投入来增加农产品产出的生产方式受到了严峻的挑战，加上近年来化肥价格居高不下，农民和基层技术人员普遍认识到有机肥在改良提高土壤肥力方面的综合作用，进而带来了优质有机肥料市场需求的快速增长。据调查，近年来有机肥生产有较大的发展，但总体看来，仍呈供不应求的局面。山西省阳城县按照大力发展循环经济、建设节约型社会的要求，以农业秸秆为切入点，以养殖场所产生的粪便尿液为原料，加工生产生物有机肥和有机液肥，具有成本低廉、富含营养物质、无污染等特点，还可根据需要开发有机-无机混合肥，使其加工和应用范围更为广泛。

按设计要求每年可处理粪污2万t，每年可产有机肥2万t、有机液肥2.5万t，每天可产秸秆制肥100t。肥料的有机质≥30%，养分总量N+P+K≥4%。

产品的主要用途、性能：调整土壤结构，增加土壤有机质含量，改良土壤肥力，减少农业面源污染，提高农作物的产量与质量。

阳城县果丰源果蔬农民专业合作社秉承"源自农业，反哺农田，惠及农民"的理念，立志打造生态农业，成为中国绿色农业循环发展解决方案的先驱。通过"科技研发创新＋商业销售"的开拓创新创造了秸秆堆沤综合循环利用的新模式。以玉米秸秆为原料，以提高秸秆综合利用率为基本原则，引进推广先进、实用、高效的秸秆粉碎制肥技术。运用秸秆粉碎除尘仓减少空气扬尘污染，提高秸秆堆沤制肥生产效率，实现了主要秸秆堆沤制肥技术生产全程环保，推动合作社周边村镇秸秆的处理，进而推动了全县秸秆绿色环保综合利用进程（图 3-19）。

图 3-19　秸秆集中粉碎

山西省阳城县秸秆粉碎堆沤还田技术使资源保护与利用并重，产业优势突出，既符合国家及省、市、县农业、科技等部门产业发展政策，又符合目前环境治理要求，通过防尘设施的建设壮大了秸秆堆沤有机肥生产规模，为山区百姓增加了就业途径，增加了农民收入，有效带动了旅游及第三产业的发展。投资回收期、投资利润率均优于行业基准，具有良好的社会效益、生态效益和经济效益。利用秸秆有机原料进行堆沤肥，在改良土壤性质、改善农产品品质和提高农产品产量方面具有重要的意义和显著的效果。前些年，化肥的大量投入使土壤的理化性质变差，且影响了作物的品质以及产量的可持续性提高，而用秸秆堆沤肥生产的产品提高了土壤有机质、氮、磷、钾和各种微量元素的含量，提高土壤肥力、有利于作物的高产和稳产提高产品品质。对促进农业与资源、农业与环境以及人与自然和谐友好发展，从源头上促进农产品安全、清洁生产，保护生态环境都有重要意义（图3-20、图3-21）。

图3-20 秸秆成型堆沤

图3-21 地头覆土堆自然堆沤

三、吉林省梨树县玉米秸秆覆盖宽窄行免耕栽培利用

吉林省梨树县位于吉林省西南部，全县耕地面积396万亩，土壤以黑土、黑钙土为主，是世界著名的"黑土带"之一。粮食以玉米为主，同时水稻、大豆有少量种植，杂粮也有一定的比例，粮食年均产量稳定在25亿kg以上，人均粮食占有量、人均粮食贡献量、粮食单产和粮食商品率四项指标曾在全国名列前茅。2016年全年农作物播种面积354万亩，其中粮食作物播种面积333万亩，油料播种面积3万亩，蔬菜播种面积18万亩。秸秆年产量为215万t左右。近年来，梨树县围绕"保护培育黑土地、高产高效可持续"的目标，探索形成了玉米秸秆覆盖宽窄行免耕栽培技术模式，以玉米秸秆直接覆盖还田为核心，建立了玉米生产全程机械化技术体系。

操作流程主要包括以下几个方面：

一是平作。在平整的耕地表面种植，不起垄，通过平作减少耕地表面积而减少土壤水分蒸发。

二是宽窄行种植。宽行行距80～130cm，窄行行距50cm。

三是免耕播种施肥。用免耕播种机进行播种，一次完成秸秆切断和清理、化肥深施、种床整理、播种开沟、单粒播种、口肥浅施、挤压覆土和加强镇压等工序。播种株数根据品种、地力和水分情况确定，以不减少单位面积株数为原则。

四是化学除草。使用高性能喷药机作业，有两点需要注意：①播种后出苗前要封闭灭草。②出苗后要除草。

五是防治病虫害。①对种子进行包衣防治。对丝黑穗病、苗枯病、根腐病等病害和对金针虫、地老虎等地下害虫防治效果较好。②药剂喷雾防治，选用氯虫·噻虫嗪、氯虫苯甲酰胺、丙环·嘧菌酯等药剂在6月下旬至7月上旬进行喷施，对大小斑病、立枯病等病害和玉米螟、黏虫等虫害防治效果较好。

六是秸秆覆盖还田。使用专用的玉米收获机在收获作业时将秸秆集中在窄行中，或使用秸秆整理机将秸秆整理到窄行中。

七是使土壤疏松。视土壤容重变化情况，使用专用深松机在收获后进行作业。使用带翼铲的深松机在宽行带的中间下铲，一次性地完成深松、平地、碎土的镇压，作业后达到待播种状态。其优点是有利于保护好疏松带，为翌年播种打好基础。有犁底层的地块，深松深度超过30cm，没有犁底层的地块，如果土壤板结严重，对耕层进行深松。

梨树县得到了一系列支持：①政策支持。吉林省将玉米秸秆覆盖宽窄行免耕栽培技术模式列为吉林省重要农业生产新技术并在全省大面积推广。②资金支持。2014—2016年，吉林省农业委员会对实施秸秆覆盖还田的地块进行播种作业补贴，3年累计补贴资金2亿多元。③项目支持。吉林省发展和改革委员会下达的"梨树县黑土地保护试点项目"总投资为3 125万元，其中中央预算内资金2 500万元。下达的"农作物秸秆综合利用试点县项目"总投资为800万元，梨树县作为项目县之一，中央预算内投资1 000万元。吉林省环境保护厅下达的"土壤有机质培育试点项目"总投资为1 500万元，对梨树县安排专项资金300万元。④配套机具研制。由吉林省康达农业机械有限公司、吉林新研牧神机械制造有限公司等企业开展免耕配套机械、收获机械研究，并按技术体系要求进行研发、生产，构筑物质基础。⑤加大推广力度。由梨树县农业技术推广总站构建技术推广平台，建立示范基地，开展各类宣传和技术培训活动，促进了技术的推广。

四、吉林省榆树市玉米秸秆全量还田利用

榆树市位于吉林省中北部、吉林省和黑龙江省的交界处，位于松辽平原腹地，境内地势较平坦，总体呈东南高、西北低、东南向西北倾斜趋势，总面积4 712km^2。榆树市位于世界三大黑土区之一的东北黑土区核心区域，粮食作物面积500多万亩，是吉林省黑土地面积最大、黑土层最厚的县；同时，榆树市还地处世界著名的黄金玉米带上、松嫩平原白金水稻带，盛产玉米、大豆、水稻、高粱，被誉为"粮豆之乡""松辽平原第一仓"，作为全国第一产粮大

县，素有"天下第一粮仓"之美称。晨辉种植专业合作社位于榆树市八号镇，合作社自 2011 年起采用秸秆还田保护性耕作技术，年秸秆还田量均在 30％以上。2016 年春季，晨辉种植专业合作社研发出秸秆归行机，采用"秸秆归行＋免耕"的形式实施秸秆全量还田玉米保护性耕作技术 700hm² 以上，2019 年秋季晨辉种植专业合作社自主研发出玉米条带耕作机，连续 3 年采用"秸秆归行＋条带浅旋"形式实施秸秆全量还田玉米保护性耕作技术 750hm²，年秸秆还田量突破 1.7 万 t。

技术流程：

1. 机械收获 采用自走式玉米收割机收获，收获时将秸秆粉碎，均匀覆盖于地表，秸秆粉碎长度不大于 10cm。

2. 秸秆归行 采用秸秆归行机对翌年的播种带上的秸秆进行清理，清理净度以 80％以上为宜，如作业后未达标可增加一次作业。

3. 条带旋耕 采用条带耕作机，对归行清理后的播种带进行宽幅 50～60cm、深度 5～10cm 的旋耕作业，可以根据地块土壤质地和地势高低及土壤墒情等指标，确定在秋季还是春季进行，条带旋耕后需要及时重镇压。

4. 免耕播种施肥 免耕播种机一次性完成苗带清理、种肥开沟、底肥深施、播种覆土和重镇压等工序。

在运行机制方面：①依托技术单位支持，开展秸秆全量还田的模式理论研究。晨辉种植专业合作社依托中国农业大学梨树试验站建立榆树工作站，依托中国科学院东北地理与农业生态研究所建立观测站，在长春市农机技术推广总站、长春市农机研究院和榆树市农机管理服务总站等推广部门设立项目示范点，汇聚多方科研和推广单位共同研究秸秆全量还田的技术，从机具研发改制到作业模式优化，强化关键技术环节的作业衔接，对现行保护性耕作制度进行不断完善和补充。②利用补贴资金，进一步增加土地托管面积，提高技术到位率。2015 年以来，中央财政每年安排专项资金对东北四省（区）开展东北黑土地保护利用试点，榆树市在中央财政补贴的基础上，用省级资金给予1∶1的累加补贴，近几年的秸秆还田补贴额度达到 600 元/hm²，晨辉种植专业合作社通过与农户签订协议，在保障出苗率和产量水平的同时，以减免播种作业费的方式吸引农户代耕托管土地，土地集中连片极大地促进了秸秆还田、离田机械水平的提高。另外，晨辉种植专业合作社通过与村委会签订作业协议的方式，承担了两个村近 900hm² 的土地的秸秆全量还田归行＋条带耕作作业任务，打造全镇乃至榆树地区的秸秆全量还田"工作样板"，带动全市秸秆肥料化利用水平的整体提升（图 3 - 22）。

图 3 - 22　玉米秸秆全量还田条耕作业整地

经过探索实践，玉米秸秆全量还田利用取得显著成效。在经济效益方面，根据近两年的测产结果，采用秸秆全量还田精准条耕技术比传统种植方式增产 7.2% 以上，2020 年实施 750hm²，增产粮食 64 万 kg，减少作业成本投入 37 万元，直接经济效益额度达 145.8 万元。在社会效益方面，秸秆全量还田从秸秆的肥料化入手，从根本上解决了秸秆燃料和饲用化利用难的问题，节省了围绕秸秆禁烧产生的大量的人力和物力消耗，缓解了基层政府和民众的工作生产压力。在生态效益方面，通过将大量的秸秆以覆盖的方式还田，实现了秸秆中的各类营养物质的归还，增加了必需矿质元素的存量和有机质的含量，节省了化肥投入。实行免、少耕有利于土壤中的嫌气性细菌繁殖，使土壤养分分解速率减慢，有利于土壤有机质积累，丰富和发展了土壤养料库，使土壤理化性状向好发展，地越种越肥，产量越来越高。

五、黑龙江省通河县秸秆全量腐熟还田利用

通河县辖区面积 5 678km²，辖清河林业局有限公司、兴隆林业局有限公司两个森工国有公司。耕地总面积189.9万亩，其中水稻160.2万亩，秸秆可收集量为80万t。近年来，通河县按照省政府总体要求，以秸秆禁烧为契机，坚持"一主两辅"方向，推进秸秆还田利用和黑土地保护工作紧密结合，不断扩大秸秆还田规模，大力提高耕地有机质含量，切实保护好黑土地这个"耕地中的大熊猫"。以政策引导、市场运作、科技支撑为手段，形成了政府、企业和农民多方共赢的利益联结机制，激发了秸秆还田多环节市场主体活力，形成了以秋季水稻秸秆腐熟还田（碎粉＋腐熟＋浅旋）为主的通河县秸秆还田利用新模式。

主要做法包括以下几个方面：

（一）水稻秸秆腐熟还田运行机制科学

通河县政府制发《通河县 2020—2021 年度秸秆综合利用工作实施方案》，层层传导压力，三级签订责任状，副县长与各镇长签，镇长与各村党支部书记（村委会主任）签，村党支部书记（村委会主任）与本村农户签。落实"日报进度、周调度、半月通报"工作机制和"作战图"管理模式。同时还成立秸秆综合利用专家组，研究和指导秸秆综合利用工作。在通河县已形成符合实际的运行模式和工作机制。尤其是在水稻收获同步秸秆粉碎抛撒作业环节，规定水稻收割机必须装配秸秆粉碎抛撒装置进行作业，未装配秸秆粉碎抛撒装置的，严禁进行水稻收获作业。镇、村为监管责任主体，镇干部包村（屯），村（屯）干部包农户、包地块，把好农田路口，负责对水稻收获同步秸秆粉碎抛撒作业监管，保证秸秆综合利用工

作有序开展。

（二）水稻秸秆腐熟还田技术体系成熟

①秸秆还田技术成熟。通河县的秋季水稻秸秆腐熟全量还田（碎粉＋腐熟＋浅旋）技术，已获批2021年黑龙江省农业主推技术。开展水稻机械收获同步秸秆粉碎抛撒、秋季机械喷施"春谷润"秸秆腐熟剂、秋季机械浅旋整地秸秆全量还田工作，已形成可复制、可推广的成熟技术模式。②农民秸秆还田的积极性高。自2018年以来，通河县应用水稻机械收获同步秸秆粉碎抛撒、秋季机械喷施"春谷润"秸秆腐熟剂、秋季机械浅旋整地秸秆全量还田模式，4年累计应用面积210余万亩。根据实际跟踪测试结果，秸秆喷施"春谷润"腐熟剂后机械浅旋全量还田，可有效改善土壤结构，增加土壤有机质含量，在减少化肥施用量10%的前提下，仍然可以达到稳产丰产的效果。③秸秆腐熟还田专业组织发展迅速。通河县秸秆综合利用合作社有20家、从事秸秆腐熟剂喷施作业的合作社就有10家。全县拥有喷施腐熟剂专用机械设备300余台（套），能够承担全县水稻秸秆腐熟还田利用工作任务。④秸秆腐熟还田相关机械力量雄厚。通河县有大型农机专业合作社17家，水稻收获机装配秸秆粉碎抛撒装置保有量991台（套），拖拉机装配旋耕机保有量22 000台（套），拖拉机装配原位埋茬搅浆机保有量1 200台（套），通河县农作物秸秆还田机械可以保障120万亩秸秆机械化还田需求。

（三）水稻秸秆腐熟还田政策措施到位

①政策支持到位。通河县按照省、市补贴政策文件要求对水稻根茬处理补贴10元/亩、水稻秸秆腐熟还田补贴20元/亩、对水田旋耕作业补贴25元/亩。②领导靠前指挥。成立以县长为组长、相关部门为成员的秸秆综合利用领导小组，各镇（局、场）分别成立以党政"一把手"为组长的工作小组，形成自上而下的秸秆综合利用组织体系。③专题会议推进。县政府提前谋划，在各生产关键环节召开专题会议，部署、推进秸秆还田综合利用工作。组织召开秸秆还田利用现场演示观摩会和秸秆还田技术示范效果田间博览会，

强化全县干部群众对秸秆还田利用的认识，统一思想，形成共识，打好工作基础。

水稻秸秆是安全、清洁、成本低的生态肥料，是农业可持续发展不可替代的生态战略资源。2019 年秋季至 2020 年春季，通河县水稻秸秆腐熟还田面积 80 万亩；2020 年秋季至 2021 年春季，通河县水稻秸秆腐熟还田 82 万亩；连续两年水稻秸秆腐熟还田率超过 50%。2021 年秋季至 2022 年春季完成腐熟还田 104 万亩，腐熟还田率达 65% 以上。在"减肥"方面，水稻秸秆里含有 15% 的有机质，每吨秸秆含氮 1.6kg、含磷 1.16kg、含钾 11.6kg。通河县按每年水稻秸秆腐熟还田面积 80 万亩计算，年产秸秆约 40 万 t，折合氮肥约 320t、磷肥约 250t、钾肥约 2 300t，合计"减肥" 2 870t。在增效方面，通河县按每年水稻秸秆腐熟还田面积 80 万亩，增产幅度按 5% 计算，每年增产水稻 2 万余 t，按照市场价 2 700元/t，全县水稻种植户增收 5 400 万元。在改善生态环境方面，通过水稻秸秆全量腐熟还田，土壤有机质含量增加，微生物活性增强，土壤容重降低，土质疏松，通气性提高，犁耕比阻小，土壤结构明显改善，耕地质量明显提升。作物秸秆还田是黑土地保护经济、直接、有效的方式，不仅保护了土壤生态环境，还解决了燃烧秸秆带来的大气污染问题。通河县实现了秸秆综合利用与黑土地保护紧密结合，让土更沃、天更蓝、粮更丰、民更富，为周边市、县提供了可复制、可推广的秸秆综合利用新路径。

六、江苏省东海县秸秆生态犁耕深翻还田利用

东海县小麦种植面积 117.6 万亩，水稻种植面积 95.17 万亩，玉米种植面积 24.7 万亩。秸秆的主要利用方式为秸秆的机械化还田。传统的秸秆机械化还田主要是利用大拖拉机配套秸秆还田机进行秸秆还田作业，其主要特点是作业效率高、技术简便，但是作业效果存在一定的局限性，表现为秸秆不能被充分埋入土壤底层，田表草量较大，一定程度上影响下茬作物的种植。2019 年开始推广秸秆生态犁耕深翻还田，取得了较好的效果。

主要做法包括以下几个方面：

1. 坚持试点试验，为推广犁耕深翻做铺垫 组织县局及各乡镇农机管理员到外县交流学习犁耕深翻经验，到犁具生产厂家参观生产情况。2019 年秋季，在房山镇吴场村，使用单铧犁试验水稻犁耕深翻配小麦机条播，犁耕深翻 500 亩，首试成功。2020 年夏季，在驼峰乡前乌墩村，使用三铧犁试验小麦秸秆犁耕深翻配套水稻机插秧，犁耕深翻 260 亩，再次成功。犁耕深翻掩埋秸秆，稻田放水后清澈见底，看不到秸秆，秸秆腐烂过程中不会对水体产生污染。

成立技术专家组。本次试验示范是典型的农机与农艺相结合项目，东海县农业农村局的相关部门，包括稻麦试验中心、农机科、农机化技术推广服务站、作栽站、土肥站、植保站抽调人员组成技术小组。东海县农机科负责秸秆犁耕深翻还田资金的落实、项目区的选择、耕翻机械的调配、深翻面积的核查；农机化技术推广服务站负责农机手和农户培训等。

2. 根据不同土质，制定合适的犁耕深翻技术路线 通过圆盘犁与铧式犁对比试验，明确要求东海县的犁耕机具为铧式犁。这个要求是根据东海县的土壤情况、粮食产量、秸秆量确定的。东海县的粮食产量较高，小麦平均亩产量 450kg、水稻亩产量在 650kg 以上。由于产量高，秸秆的生成量大，用铧式犁一方面可以有效地把大量的秸秆埋入土壤底层，起到很好的翻埋效果，另一方面铧式犁特别是中高档的液压翻转犁、带有副犁的铧式犁具有较好的秸秆翻埋性能，得到了广大机手和农民的认可。根据县域内各种不同的土质确定不同的耕深。东部稻区黏性土壤在秋季犁耕时要求深度在 24cm 以上，黄沙性土壤适当减小耕深。夏季小麦秸秆犁耕深度浅一点，一般在 20~24cm。同时还要尊重农民意愿，结合农民的要求调整耕深。

3. 制定奖补政策，加快推广犁耕深翻 2020 年东海县不是犁耕深翻试点县，主动安排投入资金 270 万元，按照 6 万亩推广示范，补助标准为 45 元/亩，作业田块必须是水稻秸秆犁耕深翻还田。使用秸秆还田项目资金解决 150 万元（25 元/亩），使用省级大专项资金解决 120 万元（20 元/亩），秋季实际完成犁耕深翻面积 5.2 万亩。2021 年江苏省给东海县 7 万亩（每亩 40 元）犁耕任务，东海县制定政策，计划完成 23 万亩，其中：夏季小麦秸秆深翻面积 3 万亩，水稻秸秆深翻面积 19 万亩，玉米秸秆深翻面积 1 万亩。超出任务 16 万亩的犁耕补贴面积由东海县财政拿出 240 万元（除秸秆还田 25 元外，每亩加补 15 元）进行补贴。

4. 安装智能检测设备，实现农机化与信息化融合 东海县建立了秸秆犁耕深翻微信群，所有农机手都在群中，包括信翔智能监控单位业务人员。通过这个微信群，可及时有效传递各种信息，包括机具调度、质量跟踪、技术共享等，为秸秆犁耕管理工作带来极大的便利。全部安装智能监测设备，作业地点、作业质量、作业面积一目了然，农机手、乡镇、相关管理人员同时掌握信息，实现了农机化与信息化相融合，大大提高了信息化水平和管理水平，受到农民的认可，秋季有更多的农机手参与（图 3-23）。

图 3-23 犁耕深翻还田作业现场

秸秆生态犁耕深翻还田不仅使秸秆还田更加符合农艺的要求，同时由于土壤的深耕改善了土壤的性能，还大幅度提高了粮食产量。2019 年秋季至 2021 年，东海县组织有关专家对秸秆生态犁耕深翻还田土壤的粮食产量、土壤肥力变化、病虫害等情况进行了跟踪测定。结果表明，秋季秸秆深翻还田，后茬作物小麦亩增产75kg、水稻亩增产50kg、病虫害大幅度减少。2020年秋季犁耕深翻面积5.2亩，后茬作物为小麦，小麦增产390万kg，2021年夏季犁耕深翻面积4.2万亩，增产水稻210万kg。

实践表明，东海县秸秆生态犁耕深翻还田，不但取得了巨大的经济效益，对土壤、水体的生态保护、提高粮食的品质、减少农药化肥的使用量都有深远意义。

七、浙江省桐乡市稻麦秸秆机械粉碎全量还田利用

桐乡地处杭嘉湖平原中部，属亚热带季风区。气候温暖，雨水充沛，日照充足，四季分明，土地肥沃，自然条件优越。农作物复种指数较高，大麦、小麦、油菜等冬季作物种植面积较大，播种季时间节点较短，5月中下旬大麦、小麦收割后立即播种单季晚稻，11月上旬开始水稻收割后又立即播种大麦、小麦，农作物秸秆处理难度较大。

近年来，桐乡市不断探索和研究农作物秸秆综合利用技术，大力推广秸秆全量还田技术。2015年，桐乡市水稻种植面积19.6万亩，小麦种植面积6万亩。推广水稻秸秆全量还田6.4万亩、小麦秸秆全量还田5.1万亩，占全市种植总面积的45%。稻麦秸秆机械粉碎全量还田，即用加装秸秆切碎抛撒装置的收割机将水稻、小麦等农作物秸秆就地粉碎，并翻耕入土，使之腐烂分解。秸秆中含有大量的新鲜有机物料，在归还于农田之后，经过一段时间的腐解，就可以转化成有机质和速效养分，既可以改善土壤理化性状、供应一定的养分，还可促进农业节水、节成本、增产、增效。

稻麦秸秆全量粉碎深耕还田技术：在大麦、小麦、水稻收割时采用带秸秆切碎和抛撒装置的联合收割机，一次完成水稻和大麦、小麦切割喂入、脱粒清选、收集装箱、秸秆粉碎抛撒等作业工序。秸秆粉碎长度≤15cm，粉碎长度合格率≥95%，抛撒不均匀率≤20%，漏切率≤1.5%，均匀撒铺于田面。再用70马力以上大功率

拖拉机进行深耕，把秸秆深埋于土中，最后播种大麦、小麦，或灌水耕耙后种植水稻。

水稻秸秆全量粉碎覆盖还田技术：后茬为大麦、小麦的可结合稻套麦技术，根据天气条件，在水稻收割前一周内先把大麦、小麦种子均匀撒播于田间，用带秸秆粉碎和抛撒装置的联合收割机把秸秆粉碎后均匀撒于田面，对种子进行覆盖，再用 70 马力以上带开沟旋耕装置的大功率拖拉机进行开沟覆土。

增施氮肥技术：秸秆被翻入土壤后，在被微生物分解为有机质的过程中需要消耗一部分营养，最好配合施足速效氮肥。在大麦、小麦、水稻收割时，用带秸秆粉碎和抛撒装置的联合收割机把秸秆粉碎后均匀撒于田间，再每亩均匀抛撒 25～50kg 碳酸氢铵，然后翻埋秸秆，实现全层施肥，该技术适用于大麦、小麦秸秆和冬闲田秸秆还田。

配套机械：大中型拖拉机、带粉碎抛撒装置的联合收割机、开沟旋耕一体机、施肥机械等农业机械应按要求保养、调整，使其具有良好的技术状态。农机人员应经过技术培训，具有一定田间作业经验，熟练掌握农机、农艺技术和安全操作规程。

①强化政策推动。桐乡市鼓励规模种粮大户率先示范，对规模化种粮农户、家庭农场、专业合作社实施秸秆翻耕还田 10 亩以上的，每亩给予 30 元的补贴，全年秸秆还田 11 万多亩，投入补贴资金 330 多万元。同时，鼓励散户农作物秸秆还田，对复种面积在 50 亩（含）以下的散户农田开展秸秆机械化粉碎翻耕还田并给予每亩 80 元的补助；对集中连片 300 亩（含）以上的稻麦秸秆全量还田示范区给予 1 万～5 万元的奖励。②强化示范带动。在濮院镇油车桥粮油农机专业合作社率先建立示范点，在崇福镇联丰村召开全市水稻秸秆全量还田现场会，后在石门、崇福等镇建立了千亩农作物秸秆全量还田示范基地。③强化技术推动。桐乡市积极推广秸秆全量还田技术，全市超过 60％的种粮户均实施了秸秆全量还田。④扶持还田机械。桐乡市出台补贴政策，对农机作业服务组织、家庭农场和个人对新购置加装秸秆粉碎抛撒装置和二次割刀的联合收

割机，在国家农机购置补贴的基础上，市财政给予累加至购机额50%的补贴。

八、安徽省皖北地区小麦秸秆覆盖免耕还田利用

安徽省皖北地区的耕作制度以小麦—玉米轮作为主，在小麦收获季节，利用带有秸秆粉碎还田装置的联合收割机将小麦秸秆就地粉碎，均匀抛撒在地表，板茬直播玉米。该技术成熟度高，土地不翻耕，再利用免耕播种机一次性播种施肥。表层土被秸秆覆盖，保温、保墒，丰富土壤微生物，保持土质松软，播种后出苗快、齐，根易下扎。

1. 技术要点

（1）小麦秸秆机收粉碎。选用全喂入式纵轴流小麦联合收割机，低留茬收割小麦的同时将秸秆就地粉碎。为合理调节切割装置，将刀片间距调整为 8～9cm，秸秆粉碎长度≤10cm、呈撕裂状，粉碎长度合格率≥95%，漏切率≤1.5%，平均留茬高度≤10cm。

（2）秸秆覆盖。通过加装后置式秸秆粉碎抛撒还田装置，控制秸秆抛撒力度、方向和范围，提高抛撒均匀度，抛撒宽度能够达到1.0～2.5m，覆盖整个收获作业幅宽，抛撒不均匀率≤20%。

（3）玉米直播及田间管理。种肥同播，根据实际情况及时灌排，使土壤含水量保持在 60%～70%。玉米栽培根据土壤肥力以田定产、以产定肥，推荐生长季施肥总量为氮 10～15kg/亩、五氧化二磷 5.0～7.5kg/亩、氧化钾 6～9kg/亩。氮肥按基肥与追肥比例 1：2 施用，磷钾肥全部作基肥施用。

2. 应用案例及效益分析

（1）应用案例。安徽省皖北地区，主要耕作制度为一年两熟、小麦—玉米轮作，小麦秸秆覆盖免耕直播玉米技术在皖北地区应用广泛。亳州市蒙城县运用该技术每年推广约 132 万亩，淮北市濉溪县每年推广约 115 万亩，实现秸秆肥料化利用约 70 万 t，土壤肥力提升和粮食产量增产效果显著（图 3-24）。

图 3 - 24　蒙城县小麦秸秆覆盖免耕直播玉米

　　（2）效益分析。小麦秸秆覆盖免耕直播玉米技术具有良好的社会效益、生态效益、经济效益。社会效益，减少农耗时间、争取农时。皖北地区夏季雨水较多，且收种间隔时间短，一般仅 7～12d，需抢收抢种，小麦秸秆覆盖免耕直播玉米技术可有效减少农耗，为农民争取宝贵的农时，且通过机械化作业、提高劳动效率，节省人工。生态效益，秸秆覆盖蓄水保墒效果好，可减少土壤水分蒸发，提高播种质量和幼苗整齐度。皖北地区气候较干，风沙大，秸秆覆盖还可减轻土壤风蚀影响，减少水土流失。提高土壤有机质含量从而提高地力，是秸秆资源化利用的重要途径，可有效减少秸秆焚烧造成的大气和环境污染。经济效益，以蒙城县为例，小麦秸秆覆盖免耕直播玉米技术一般比常规栽培技术增产 5% 左右，每亩增产约 25kg，按 2.8 元/kg 计算，亩均增产约 70 元。2022 年蒙城县玉米播种面积 165 万亩，该技术推广面积约 132 万亩，全县累计增产约 3.3 万 t，新增产值 9 240 万元。

3. 推广前景　安徽省皖北地区土地平坦、土层深厚，总面积 3.74 万 km²，耕地面积 3 206.5 万亩，占全省耕地面积的 47.8%，是全省面积最大、人口最多的一个农业区，是我国重要的商品粮生产基地之一。该区域自然条件较为优越，气候温和，雨量适中，光热资源丰富。耕作制度以旱作为主，一年两熟，主要为小麦—玉米、小麦—大豆轮作，作物连片种植，适合大型农业机械作业。但该区域夏、秋旱涝发生概率大、危害重，尤其是夏收时的"烂场雨"，造成秸秆打捆离田难度大且品质难以保证。小麦秸秆覆盖免耕直播玉米技术省去了耕地作业，播种期提前，尤其是遇到阴雨天，更能体现争时的增产效应，是夏收时"烂场雨"劣势下实现秸秆肥料化利用的有效途径，且在小麦秸秆还田后，降雨天气较多，有利于秸秆腐解、促进种子萌发。小麦秸秆覆盖免耕直播玉米技术成熟度高，减少了对土壤的耕作，节本、保墒、争取农时，社会生态、经济效益良好，适合在安徽省皖北地区以及我国黄淮海地区大面积推广应用。

九、福建省上杭县稻田"紫云英＋水稻秸秆还田＋配方肥"综合利用

上杭县是粮食生产大县，2021 年水稻种植面积 32 万余亩，水稻秸秆产生量约 14.8 万 t。近年来，上杭县通过示范引领，逐步形

成了以水稻秸秆还田为核心的稻田"紫云英＋水稻秸秆还田＋配方肥"模式（"3＋"模式），即利用冬闲田种植紫云英，将前季晚稻秸秆随紫云英鲜草压青还田，再将当季早稻秸秆全量粉碎深翻还田，同时施用水稻配方肥。该模式充分发挥了绿肥与秸秆还田的组合效应，有效保障了粮食安全，促进了农业绿色发展。

主要做法包括：

（1）强化组织领导。成立了由上杭县政府主要领导为组长的领导小组，制定工作方案和推进措施，定期到各乡镇监督、检查、指导，解决农业绿色发展中存在的困难和问题。

（2）强化技术服务和示范引领。组成了以上杭县农业农村局有关负责人为成员的秸秆综合利用工作专家组，为秸秆综合利用工作提供技术支撑。推进"3＋"秸秆综合利用模式与绿色高产高效创建、绿色发展先行示范区等工作有机衔接机制，上杭县农业技术推广服务站和土壤肥料技术站根据全县测土配方成果，大力推广使用适合当地情况的水稻配方肥，每年为规模种植户供应水稻配方肥600t以上。围绕"3＋"模式建立秸秆粉碎还田示范片，充分发挥试验示范技术集成展示作用，以点带面引导更多农户开展农业绿色生产。

（3）突出项目带动。根据县域粮食生产特点，采取政府引导、政策推动、科技支撑、大户带动、农户参与的模式，依托各级项目资金、政策资金重点扶持规模农户、示范农场、龙头企业等主体，积极引导小农户由散、乱、小向规模化、标准化、园区化、绿色化方向发展。

（4）重视宣传引导。及时总结"3＋"技术模式的好经验好做法，形成可复制、可推广的典型模式，每年发放秸秆综合利用技术宣传材料千余份。2017年以来，全县累计开展"3＋"技术模式等现场观摩15次、技术培训25期，4 000多人次受训，开展科普宣传20次，发放技术手册2万余份。

上杭县连续采用"3＋"模式3年以上的耕地土壤有机质含量提高5%以上，化肥投入量减少9.8%，年均化肥减量3.3%。土壤板结减轻，土壤理化性状得到有效改善，耕地地力显著提升。2020 年，全县耕地质量等级从 5.74 提升至 5.53，水稻产量略有提升。全县秸秆综合利用率达到 90％以上。

十、山东省齐河县玉米秸秆直接粉碎全量还田技术

齐河县年粮食种植面积 232 万亩，农作物秸秆以小麦、玉米秸秆为主。玉米种植面积 115.8 万亩，秸秆产量 95.64 万 t；小麦种植面积 115.99 万亩，秸秆产量 90.88 万 t；棉花种植面积 0.4 万亩，秸秆产量 0.31 万 t，其他作物种植面积 1.30 万亩，秸秆产量 0.55 万 t。目前，秸秆综合利用技术途径主要是秸秆肥料化利用，近几年，大力推广小麦玉米秸秆还田技术，有效地提高了秸秆肥料利用率，耕地质量有了大幅提升，耕地土壤有机质达到 1.56％。玉米秸秆直接粉碎全量还田综合配套技术模式是利用带有粉碎装置的玉米联合收割机械，在收获玉米果穗的同时直接粉碎玉米秸秆，并将秸秆均匀抛撒覆盖田间；配施尿素和有机物料腐熟剂以促进秸秆腐熟转化成容易被下茬作物吸收利用的营养物质；采用大马力深耕机（或大马力旋耕机）趁秸秆青绿进行耕翻（1 年深耕，2 年深旋），使粉碎的玉米秸秆、秸秆腐熟剂与土壤充分混合。

操作流程主要包括以下几个方面：

一是玉米秸秆机械粉碎。在玉米成熟后，使用带秸秆粉碎装置的大型玉米联合收割机边收获玉米果穗边将玉米秸秆直接粉碎、均匀抛撒覆盖地表。玉米秸秆全量还田，粉碎长度小于 5cm。

二是撒施有机物料腐熟剂。每亩均匀撒施 4kg 的有机物料腐熟剂，选无风天气作业。可以掺细土撒施，不能与肥料掺在一块撒施。

三是增施氮肥调节 C/N。秸秆粉碎后，趁秸秆青绿（最适宜含水量 30％以上），及时将小麦底肥均匀撒施，每亩增施 5kg 尿素调节 C/N，并及时深翻。

四是深耕耙实镇压备播。采用大马力深耕机深耕，深耕深度达到 30cm 以上，作业铲最大宽度不超过 60cm，来回作业间距不超

过 60cm，使粉碎的玉米秸秆、有机物料腐熟剂与土壤充分混合，及时耙实，以利保墒。沉实土壤，先镇压再播种，随播种再用镇压轮镇压，密实土壤，杜绝因悬空跑墒造成的吊苗、死苗。

五是每 3 年一个周期，1 年深耕、2 年旋耕。采用大马力深耕机深耕，深耕深度达到 30cm 以上；使用大马力旋耕机旋耕，旋耕深度达到 15cm 左右。

齐河县不断加大政策扶持，政府购买服务，提高秸秆综合利用的积极性。对购买、使用大马力秸秆综合利用农用机械的农民，政府进行"双重补贴"：对农机购置进行补贴的同时，加大财政专项补贴；对合理利用秸秆的企业实施政府奖励。对收购秸秆的企业采取以奖代付的形式，实行免资源费无偿收购，以实现秸秆利用的最大化。鼓励各类经济主体、科技部门研发秸秆利用新途径、新方法，政府给予必要的科研经费和政策倾斜。

同时，健全监管服务。①建立长效管理机制。各级政府成立秸秆禁烧和综合利用办公室，协调解决秸秆禁烧和综合利用工作中的有关问题。②依法开展工作。政府尽快出台相关法规，加强立法，为实行秸秆禁烧提供法律依据。对违法、违规焚烧秸秆者，轻者教育，重者依照法律条款给予行政或刑事处罚。③加强目标责任制建设。政府对秸秆禁烧和综合利用工作制定具体的岗位目标责任和激励政策，经济上奖惩兑现，严管重罚，组织上与评优评先挂钩。

十一、湖北省十堰市郧阳区秸秆还田利用

郧阳区位于湖北省十堰市北部秦岭南坡与大巴山东延余脉之间、汉水上游下段，是南水北调中线工程水源区。郧阳区土地总面积为 574.87 万亩，其中耕地面积 59.74 万亩，占 10.39%。文静种植专业合作社位于郧阳区五峰乡东峰村三组，目前种植的有油菜、花生、菊花和水果，同时发展田园风光生态文化旅游。每年春季开始，五峰乡东峰村野花烂漫，油菜花续春，夏月季吐芳，秋菊花竞香，形成了油菜、花生、葡萄、杭白菊、油料等作

物种养加销一体，目前正按发展所需破解秸秆变废为宝难题，采取了深耕还田、腐熟还田两种处理方式把全部秸秆当园消化，2021年秸秆机械粉碎还田面积3 485亩，秸秆堆沤腐熟还田5 576t，为全区秸秆有效利用、打造清洁节约和绿色循环产业体系提供了样板。

湖北省十堰市文静种植专业合作社目前开发的产品有菜籽油、花生油、食用菌、杭白菊四大系列产品，流转土地3 605亩，采取订单形式和农户共建油菜、花生种植基地4 000余亩，年收购油料近千吨，基于如何利用五峰乡东峰村依山傍水的气候优势榨出更健康的油、做出更养生的菊花茶，探索出了油菜、花生和玉米秸秆变"包袱"为"财富"的产业良性循环，主要做法如下：

（1）因地制宜秸秆机械粉碎还田。春天赏千亩油菜花美景，夏收后收籽作油秸秆还田。通过参观学习十堰市郧阳区安阳镇禾稼合作社的好做法和参加十堰市郧阳区梅铺镇润宏合作社秸秆利用现场会，在实地掌握了小麦、油菜秸秆还田机械作业流程后，借鉴好经验再结合农业生产实际需求找到秸秆利用的好方法，以机械粉碎的方式就地还田，形成"油菜—秸秆还田—玉米"产业链条，不仅增强了土壤肥力、改良了土壤结构，还从源头上有效减少了秸秆废弃物焚烧对环境造成的污染，杜绝了乱倾乱倒、乱堆乱放现象，使东峰村更加整洁美丽。

（2）因势而行秸秆堆沤腐熟还田。根据文静种植专业合作社"再生资源—种植—产品—消费"的发展模式，为解决既能节约成本又能促进生态农业发展、完善循环农业产业链条的难题，相关人员专程到专业从事有机肥生产、位于十堰市郧阳区南化塘镇的湖北沃优生物科技有限公司请教咨询，经过实地查看后共同探讨出利用五峰乡丰富的玉米秸秆资源，应用腐熟剂堆沤秸秆有机肥的方法实现资源循环再利用。合作社通过学习湖北沃优生物科技有限公司收储运秸秆的成熟实践经验，以"合作社＋收储主体＋订单＋农户"的方式进行玉米秸秆原料订单式收储，试行"合作社回收秸秆—集中堆沤腐熟—免费提供农家肥"的秸秆转化模式，形成"玉米—肥料化—菊花—菊花茶"产业链，不仅为合作社和农户的花生、葡萄、杭白菊和蔬菜等农作物生长提供所需肥料、实现降本增效、培肥地力、提升农产品品质，还把农作物秸秆由垃圾变资源，在为农业生产提供支持的基础上开拓了农业绿色发展的新路径。

"油菜—秸秆还田—玉米—秸秆肥料—菊花—农产品"，这种以秸秆为纽带的循环模式成为农田管理低投入、高产出的一项举措：①可以节省土地资源。②降低运营成本。③有利于提高杭白菊、金丝皇菊和水果的品质。④整个过程做到了废弃物的减量化排放，甚至是零排放和资源再利用，同时获得有机肥料，实现了清洁生产、低投入、低消耗、低排放和高效率的生产格局。

十二、广东省稻秆机械化粉碎还田腐熟利用

广东省属于东亚季风区，从北向南分别为中亚热带、南亚热带和热带气候，是国内光、热和水资源最丰富的地区之一。地貌类型复杂多样，有山地、丘陵、台地和平原，其面积分别占全省土地总面积的 33.7%、24.9%、14.2% 和 21.7%，地势总体北高南低。至 2014 年末，广东省耕地面积 3 938 万亩，农作物年种植面积 7 000 多万亩，水稻、番薯、花生、玉米、大豆等农作物产生的秸秆量约为 2 570 万 t，其中水稻秸秆 1 200 万 t 左右。在稻秆利用中，有 45% 被用作肥料，37% 被用作饲料和原料，18% 被用作燃料、田间焚烧或弃置乱堆。受"三重三轻"（重用地轻养地，重化肥轻有机肥，重大量元素轻微量元素）的影响，水稻秸秆焚烧、弃置或乱堆在局部地区时有发生，全省浪费掉的水稻秸秆约含氮 2.38 万 t、五氧化二磷 1.1 万 t、氧化钾 8.8 万 t。水稻秸秆机械化粉碎还田腐熟技术是指利用机械化收割机收获水稻时，通过加装的刀具同步将水稻秸秆切割粉碎，配合撒施腐熟剂、水肥管理和机械耕耙等辅助技术措施，将水稻秸秆直接快速腐解还田的技术，具有便捷、快速、低成本、培肥地力的特点，是一项可大规模推广、成

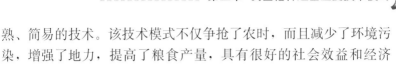

熟、简易的技术。该技术模式不仅争抢了农时，而且减少了环境污染，增强了地力，提高了粮食产量，具有很好的社会效益和经济效益。

操作流程主要包括以下几个方面：

一是水稻秸秆处理。收割机加载粉碎装置，边收割边将全田水稻秸秆切成不超过20cm的碎草；将粉碎的水稻秸秆均匀地撒铺在田里，平均每亩水稻秸秆还田量为300～400kg。为加速水稻秸秆腐熟，一般每亩施入2kg腐熟剂，腐熟剂按照一定比例掺混细土撒施。

二是调节C/N。一般可选择增施尿素等氮肥以调节C/N，施用量要根据配方施肥建议和还田水稻秸秆有效养分含量确定，酌情减少磷肥、钾肥和中微量元素肥料，适量增加氮肥基施比例，将C/N调至（20∶1）～（40∶1）。

三是注意事项。在处理水稻秸秆时，清除病虫害较严重的水稻秸秆和田间杂草。在施用基肥和水稻秸秆腐熟剂后，立即灌入7～10cm深水泡田，5～7d后田间留2～3cm浅水，免耕抛秧，或用旋耕机耕田整地、栽插水稻。

水稻秸秆机械化粉碎还田腐熟技术是广东省实施耕地保护与质量提升工作的重要技术模式，并被作为重点项目列入《广东省耕地保护与质量提升行动方案》。该方案要求制定相关政策，对水稻秸秆还田技术模式的关键环节进行适当补贴，建立水稻秸秆还田集中连片示范区，并优先选择茬口紧、机场周边、高速公路、铁路沿线等粮食播种面积大、水稻秸秆禁烧压力大的区域实施，鼓励配置大马力拖拉机及配套机具或专门的水稻秸秆还田机具，实施政府购买服务，大力支持推广水稻秸秆还田。

广东省各地积极组织实施耕地保护与质量提升补贴项目，大力推进水稻秸秆机械化粉碎还田技术模式，实施面积超过1 200万亩次，实施县（市）达到32个，取得了显著的社会、生态和经济效益。据各项目县（市）统计，实施水稻秸秆还田腐熟3年后，土壤容重下降，物理结构改善，土壤有机质平均提高1.1g/kg，全氮提高 0.2g/kg，速效钾提高 9mg/kg，耕地地力明显提高；还有效遏制了水稻秸秆焚烧现象，改善了大气环境；同时，通过还田养分可代替化肥，有力推动了广东省化肥零增长行动，减少了面源污染。通过测产计算，实施水稻秸秆还田腐熟，晚稻平均亩增产水稻32kg，增产率为 6.6%，亩增收 57 元。

十三、海南省澄迈县蚯蚓粪肥秸秆肥料化利用

澄迈县是海南省直辖县。2021 年全县水稻、甘薯、甘蔗、玉米等主要农作物播种面积约 36.7 万亩，秸秆可收集量 12.1 万 t。近年来，澄迈县积极探索蚯蚓养殖和蚯蚓粪肥还田相结合的秸秆肥料化利用模式，将农作物秸秆和畜禽粪便按照 30% 与 70% 的比例混合，制作蚯蚓饲料，饲料经蚯蚓过腹后产出蚯蚓粪，蚯蚓粪经过采收加工形成蚯蚓粪有机肥，进行还田利用。该模式在实现农业废弃物资源化利用、促进绿色生态循环农业发展方面取得积极成效。

（一）主要做法

1. 政企联动，项目引导促发展 蚯蚓过腹还田是海南省落实秸秆肥料化利用新型模式，通过项目引导发展蚯蚓养殖产业，合理支配省级项目资金支持省内蚯蚓养殖场发展，并引导蚯蚓粪肥企业或合作社进行肥料产品生产，2017 年至今，安排 100 万元项目资金通过实施秸秆肥料化利用、蚯蚓粪有机肥试验示范等项目，支持蚯蚓养殖产业发展，目前已有 4 家企业或合作社取得蚯蚓粪有机肥产品登记证。

2. 不断创新技术体系

（1）基本转化利用工艺流程。如图 3 - 25 所示。

图 3 - 25 基本转化利用工艺流程

（2）蚯蚓养殖操作。按照秸秆 30%＋畜禽粪便 70%的比例混合，制作蚯蚓饲料，饲料经充分发酵后铺饲料床，饲料床的厚度为 10～15cm，在铺好的饲料床上投放大平 2 号蚯蚓种苗，每米投放 1.5kg，再日常逐步投喂秸秆＋畜禽粪便混合饲料，经过蚯蚓过腹后，生产出蚯蚓粪，蚯蚓粪经过采收加工后形成蚯蚓粪有机肥即可还田利用。

（3）配套设备。包括秸秆收割回收一体机、秸秆粉碎机、上料机、蚯蚓分离机、翻堆机、过筛机和打包机等。

3. 创新模式，引领良性发展 为提高农户回收秸秆的积极性，引导蚯蚓养殖企业或合作社创新秸秆回收模式，总结推出"秸秆换物"等模式。①"秸秆换肥料"模式，企业或合作社回收农户田间地头的秸秆，加工成有机肥料，再将加工好的有机肥按折扣价与农户回收的秸秆进行交换，使企业或合作社与农户达到双赢的效果。②"秸秆换牛羊草料"模式，企业或合作社根据农户提供秸秆的总量提供同等价值的牛羊青贮草料，实现种植业、养殖业的良性互动和循环发展。③"秸秆换农业生产农具商品"模式，企业或合作社根据农户每年提供秸秆的总量为农户提供同等价值的农业生产所需的农具商品，充分降低农户农业生产成本，提高农民收入。④"低价收割秸秆"模式。企业或合作社利用定制的新型水稻收割打捆一体机上门为农户免费收割水稻，帮助农户把水稻秸秆打捆回收利用，并给予农户 80 元/亩的补贴，同时为农户节约 20 元/亩的收割费用。⑤"买肥送服务"模式。农户只需要采购企业或合作社自产的蚯蚓粪有机肥 1 包，合作社农机服务部即可免费上门为农户收割水稻，并进行秸秆粉碎还田，粉碎还田后可直接耕种，为农户节约 100 元/亩的旋耕费用。

4. 线上线下结合，培训宣传齐发力 组织蚯蚓养殖散户、大户到蚯蚓规模养殖企业或合作社参观学习，学习蚯蚓养殖关键技术和产业化模式。组成专业培训团队到全省 18 个市县进行秸秆肥料化利用相关政策及技术模式培训，通过实操体验、发放宣传册等方式进行线下宣传；同时利用乡村振兴电视栏目、微信公众号等多媒体方式进行线上宣传。

(二)取得成效

1. 生态效益 ①推动绿色生态循环农业进程。通过秸秆肥料化利用技术将农业废弃物资源化利用，实现农业绿色生态循环发展。②环保意义重大。帮助农户解决因茬口紧而焚烧秸秆的问题，疏堵结合，减少大气污染。③改善土壤理化性质。蚯蚓粪作为一种优质的有机肥料，富含土壤所需有益微生物，能促进土壤团粒结构形成，有利于改良土壤，从而增强作物抗病能力，促进作物健康生长，提高作物品质。

2. 社会效益 ①促进秸秆资源化利用。打捆离田的秸秆可以加工成牛羊养殖的青贮饲料，腐熟的秸秆可以加工为有机肥料，实现秸秆饲料化、肥料化利用。②促进畜牧业发展。青贮饲料可以有效解决海南省牛羊养殖过程中季节性青贮饲料短缺和价格过高的问题，降低养殖成本，促进畜牧业良性发展。③促进化肥减施、提质增产。"秸秆＋畜禽粪便"发酵后，产出的蚯蚓粪有机肥还田利用，有利于降低化肥施用量，促进增施有机肥减施化肥。④带动周边农户就业。采取"企业或合作社＋合作社＋农户"模式，与周边农户签订了秸秆收购协议，增强企业或合作社产业化带动能力，同时吸纳周边农户到企业或合作社就业，助推乡村振兴。

3. 经济效益 ①为农民省钱。参与秸秆回收的农户，可以获得 20 元/亩的秸秆回收费用，实施秸秆还田的农户不仅可以节约 100 元/亩的耕地旋耕费用，还可以节省 20 元/亩的肥料费用，"企业或合作社＋合作社＋农户"模式实施秸秆肥料化利用能为农民节省 140 元/亩费用。②帮企业或合作社盈利。企业或合作社通过销售蚯蚓粪可以收获 200 元/t 的利润，通过盈利不断发展壮大(图 3 - 26、图 3 - 27)。

图 3 - 26　畜禽粪便与秸秆一起发酵用于蚯蚓养殖

图 3 - 27　以蚯蚓过腹的方式将秸秆转化为蚯蚓粪

十四、重庆市梁平区"水稻秸秆机械粉碎还田＋深翻耕＋蓄留冬水"

梁平区耕地面积约 73 万亩，2021 年，全区水稻、玉米、油菜、马铃薯等主要农作物秸秆产生量约 32 万 t，其中水稻秸秆产生量 18.7 万 t。近年来，梁平区强化政策扶持，针对水稻秸秆资源丰富等基本情况，重新实施南方稻区蓄留冬水的传统休耕养地措施，因地制宜开展"水稻秸秆还田＋蓄留冬水"模式示范，不仅有效解决了秧田缺水问题，还充分利用了农村大量剩余的水稻秸秆，增强了耕地抗旱、保水、保肥能力。

（一）主要做法

在城区周围、高速公路、高铁、龙溪河及新盛河沿线的乡镇（街道）建设"水稻秸秆机械粉碎还田＋深翻耕＋蓄留冬水（种植榨菜）"模式示范片，示范片相对集中连片，具体范围由示范乡镇自行确定。

各乡镇街道作为示范片建设实施主体，结合当地实际，自行选择实施方式（业主/农户自行实施或者委托服务组织统一实施），并组织落实。示范片内采用全喂入式收割机收获水稻，要求水稻留桩高度不得高于 20cm，水稻秸秆全部机械粉碎还田，开展"水稻秸秆机械粉碎还田＋深翻耕＋蓄留冬水（种植榨菜）"模式示范，水稻收获后一周内耕田机要进场进行翻耕，并筑田缺、搭田坎蓄留冬水，保持田间湿润，保证还田效果，防止秸秆腐烂过程中田水外流，或者翻耕后种植榨菜。同时禁止秸秆露天焚烧。

梁平区农业农村委按 80 元/亩的补助标准对实施乡镇进行先建后补。涉及示范片建设的乡镇（街道）农业服务中心为实施主体，负责方案编制及具体实施工作，所在乡镇（街道）人民政府为监管主体，对资金使用、实施面积及效果进行监管，实施完成后组织验收，主要对实施面积、秸秆是否粉碎还田、是否实行深翻耕、是否种植榨菜或者蓄留冬水保持了田间湿润、是否有露天秸秆焚烧痕迹等情况进行检查验收、公示，并出具验收意见。验收通过后，各乡镇（街道）按照要求收集整理报账资料，并递交资料到区农业农村委。区财政局、区农业农村委对报账资料进行审查通过后，按照国库集中支付规定拨付资金。

（二）取得成效

1. 社会效益　秸秆机械粉碎还田技术不仅推进了农业可持续发展、有利于土壤有机质含量的提高，而且对环保农业、生态农业的发展具有重要作用。通过近年来的推广，可以补偿土壤有机质的损耗，如果每年还田秸秆为 $6t/hm^2$，可提供有机质 $900kg/hm^2$，不仅可满足作物生长的需要，而且可逐年提高土壤有机质含量。

2. 生态效益　通过秸秆机械化还田技术的推广实施，充分利用了农村大量剩余的农作物秸秆，避免了焚烧和随意弃置的问题，减少了空气污染和水体环境污染，同时培肥了地力、减少了化肥污染，从而使农业生产环境实现良好的生态循环，有利于农业的可持续发展。此外，可以改善土壤结构，使土质疏松，改善其通透性和保水能力，从而有效增加了土壤含水量。降雨后，土壤吸纳大量的雨水，减少了地面径流，可以防止水土流失，也有效存蓄了自然降水，增强了自然调节的能力，逐步改善了生态环境（图 3 - 28、图 3 - 29、图 3 - 30）。

图 3 - 28　全喂入式收割机收获水稻

图 3-29 秸秆机械粉碎还田

图 3-30 蓄留冬水

3. 经济效益 实施秸秆还田 3～5 年后，明显改善了耕地土壤的透气性和土壤结构。对土壤的理化性质进行分析，发现其养分含量显著提高，如有机质、氮、磷、钾等。由于土壤质量提高，可以减少化肥用量 75～150kg/hm²。如果继续实施秸秆还田，可能还会持续增加粮食的产出。

十五、四川省汉源县秸秆覆盖还田利用

汉源县是雅安市农业生产大县，物产丰富，盛产水果、干果、蔬菜等优质农产品。2020年末全县耕地总面积42.8万亩，特色农作物种植面积较大，目前种植面积达8.5万亩。果树种植面积达48.2万亩，蔬菜种植面积达14.0万亩，粮食作物播种面积达46.44万亩。

汉源县农作物种类多、产量大，农作物秸秆资源丰富，2020年全县农作物秸秆理论资源量达7.4万t，可收集量达6.6万t，水稻秸秆、玉米秸秆为汉源县秸秆资源主要来源。水稻播种面积4.4万亩，总产量2.16万t，水稻秸秆理论资源量达1.81万t，可收集量达1.45万t；玉米播种面积12.55万亩，总产量4.38万t，玉米秸秆理论资源量达4.38万t，可收集量达3.99万t，经多年探索，水稻—大蒜覆草种植已形成成熟的秸秆还田栽培技术模式，在汉源县水稻种植区深受农户欢迎，技术覆盖率接近100%。玉米秸秆主要作为中高山区畜禽饲料，近年来发展迅猛，饲料化应用比例逐年提高，现已超过70%。

主要做法包括以下几个方面：

一是探索秸秆综合利用工作运行机制和政策支持。从2018年起汉源县农业农村局连续3年下发《汉源县秸秆综合利用和禁烧工作方案》，指导秸秆综合利用和禁烧工作；2020年县政府下发专门文件，并在农业农村局下设秸秆综合利用领导办公室，负责日常工作，指导全县秸秆综合利用和禁烧工作，加强秸秆综合利用工作力度，推动全县秸秆利用再上新台阶。

二是抓住重点，集中连片，整体推进。优先支持秸秆资源量大、禁烧任务重和综合利用潜力大的区域，整乡推进。秸秆综合利用是一项涉及面广的系统工程，工作实践中充分发挥典型地区、典型企业、典型技术的示范带动效应，通过组织试点、重点项目实施和示范基地建设，有效调动地方政府、企业、社会化服务组织和广大农民的积极性，切实推动面上工作，实现整体突破。利用汉源县粮经复合园区建设，大力推动园区秸秆直接还田技术推广，以水稻—大蒜覆草种植模式为主，2021年对秸秆直接还田补贴面积近3万亩，补贴金额近60万元，提高了秸秆直接还田比例。

三是多元利用、农用优先。根据汉源县秸秆综合利用的总体特征，重点抓好秸秆"五化"利用，突出肥料化、饲料化重点，科学确定秸秆综合利用的结构和方式，形成特色鲜明、布局合理、多元利用的秸秆综合利用格局。在九襄、富庄、前域、唐家等推进农作物秸秆直接还田，提高还田比例；在皇木、永利等中高山区乡镇大力推进种养循环，推动农作物秸秆饲料化应用，秸秆饲料化应用比例超过70%。

四是市场运作、政府扶持。充分发挥农民、社会化服务组织和企业的主体作用，通过政府引导扶持，培育市场主体，充分发挥市场主体作用，调动全社会参与积极性，打通利益链，形成产业链，实现多方共赢。破解秸秆收集、储存、运输难题，打通产业化利用的基础，采取了政府引导和企业带动、政府购买服务等方式，建立"农民、种养大户、专业合作社、企业"收储运利益联接机制，加强收储运基础设施建设，利用秸秆综合利用重点县建设项目，至2021年末全县已建立以"红之源"家庭农场为龙头，年收集利用能力在500t以上的集"收""储""运""用"于一体的示范点1个，以得成牧业有限公司、汉源县松达畜禽养殖农民专业合作社、富庄水果合作社等为龙头建立年利用能力100t以上的集"收""储""运""用"于一体的示范点4个以上，对购买秸秆收集利用机械予以购机补贴及秸秆收集利用场地建设补贴，2021年全县新增秸秆利用机械944台（套），补贴场地建设2万m²以上，已培育种养大户、专业合作社、家庭农场、企业等新型农业经营主体超过30户，初步建立了县秸秆"收""储""运""用"体系。

五是科技推动、强化技术支撑。汉源县种植制度多样，秸秆种类较多，单一技术、单一模式很难"包打天下"。充分依托省、市及科研院校专家，瞄准玉米、水稻重点作物，推进产、学、研结合，整合资源，着力解决秸秆综合利用领域共性和关键性技术难题，提高技术、装备和工艺水平，构建服务支撑体系，强化培训指导，加快先进、成熟技术的推广普及。

六是因地制宜、分类指导。根据汉源县各主产区种植业的现状、特点和秸秆资源的数量、品种和利用方式，着力引导各地选择符合当地生产条件和经济发展状况的秸秆综合利用结构与方式，合理选择适宜的秸秆综合利用技术进行推广利用。在九襄、富庄、前域、唐家等水稻主栽区乡镇建立水稻、大蒜秸秆直接还田种植模式，该模式已成功运行多年，取得了良好的经济、生态效益。在皇木、永利等中高山区乡镇大力发展种养循环，加大玉米、薯类秸秆饲料化利用。

七是找准群众关注点，积极开展宣传培训。将"秸秆综合利用，还田得补贴，购买利用机械，国家还给补贴"的补贴政策，采取通告、田间地头做宣传等多种方式进行宣传，2021年在汉源县范围内共悬挂横幅标语105条，张贴通告210多份，利用微信群、QQ群、抖音等新型宣传工具大力宣传秸秆综合利用政策、技术等，进村入户宣传超1 000人次，不断提高农民群众参与的积极性。

按照"政府引导、市场运行"的模式，坚持完善落实扶持政策，扶持种养大户、家庭农场、农村集体经济组织、农民专业合作社和企业等秸秆综合利用社会化服务主体，按照"补助利用数量、补助设备购置、补助设施建设"的形式，支持引导社会资源投入，秸秆"五化"利用及收、储、运市场主体逐步发展壮大。至2021年汉源县已累计培育大户、农民专业合作社和企业等秸秆"五化"利用市场主体超过35家，其中大型经营主体超过5家，大户、农民专业合作社和企业等秸秆"五化"利用市场主体超过30家，充分调动了社会力量来开展秸秆综合利用。

秸秆综合利用技术的推广应用的成效：①农业生产条件得到改善，机械化水平进一步提升，综合生产效益提高，农业生产力得到发展。②秸秆的商品化可促进农村劳动力转移，促进农民增收，种养结合的饲料化利用、食用菌栽培等可变废为宝，避免了秸秆焚烧，杜绝了乱堆乱放，改善了人居环境。③秸秆资源得以充分利用，提高了土地投入产出率，提高了粮食产量，增加了农民收入。全县水稻一大蒜粮经复合种植模式面积超 3.0 万亩，亩产值可达 1.5 万元以上。

通过实施秸秆覆盖还田、堆沤还田等工程，还田秸秆腐烂后，在同等地力水平、耕作管理条件下，可以培肥地力，提高土壤有机质含量，经测算年均增加土壤有机质 0.01%～0.03%，培肥地力，促使粮食增产增收，促进农业可持续发展（图 3 - 31 至图 3 - 34）。

图 3 - 31　水稻收割后晾晒田

图 3 - 32　大蒜下种

图 3-33 大蒜下种后覆盖好水稻秸秆

图 3-34 大蒜出苗期第一次施追肥前

十六、北大荒集团尾山农场有限公司秸秆碎混还田利用

尾山农场有限公司位于世界火山地质公园五大连池境内，是黑

125

龙江省北大荒集团北安分公司的一个以种植业为主的国有农场，主要农作物有大豆、玉米、马铃薯。2018 年为了减少对环境的污染，国家出台全面禁烧农作物秸秆措施，作为旱田主要农作物的玉米，秸秆产生量非常大、韧性强，如果不进行焚烧处理，被大量覆盖在地表，将导致耕地无法种植，迫切需要对秸秆进行粉碎还田。在北安分公司的引导下，尾山农场有限公司采取多种措施促进秸秆还田处理，提升了秋季整地质量与效率。

主要做法包括以下几个方面：

为了提升秸秆粉碎还田的质量，尾山农场有限公司管理区技术人员和农场主管农业副总经理会同农业发展部农艺专家、农机推广人员到作业现场实地调研，提出合理的意见和建议。为了使收获秸秆更加细碎，尾山农场有限公司在秋季玉米大面积收获作业前对全部收割机秸秆还田刀片进行检查验收，磨损严重的及时进行更换，并尝试对收割机秸秆还田装置的动、定刀进行改装，同时降低收获机玉米割茬高度，通过采取以上措施使收获机对玉米秸秆的第一遍粉碎效果得到明显提升（图 3 - 35）。

图 3 - 35　秸秆粉碎作业

玉米收获后进行秸秆粉碎还田作业。为解决站立玉米秸秆过长无法打碎导致秸秆残留的问题，2019 年，尾山农场有限公司通过购买整机底刀割台或在原割台上加装底刀形式配备 21 台玉米底刀割台，有效地降低了割茬高度，底刀割台使用前割茬高度一般在

30～40cm，加装底刀后可将割茬高度控制在 25cm 左右，秸秆粉碎还田作业后站立玉米秸秆问题得到很好的控制。

秸秆还田后基础整地作业。按照传统作业方式，玉米秸秆粉碎还田作业后进行深松浅翻作业，由于秸秆量大深松浅翻会聚拢不够细碎的秸秆，出现严重的拖堆现象，因此引进雷肯五铧翻转犁 16 台，将粉碎秸秆翻埋到耕作层下，很好地解决了拖堆问题，同时增加了土壤有机质和疏松度，不过翻转犁作业效率比较低，经常出现耙地机车等待翻转犁作业结束再开始下一步作业的情况，作业环节脱节使整地效率陷入瓶颈。出现问题后尾山农场有限公司不等不靠，积极寻找解决拖堆问题的其他有效途径，那就是提升秸秆粉碎还田效果，使秸秆变得更加细碎，尾山农场有限公司农业发展部及时向分公司汇报并邀请分公司专家组到现场指导工作，分公司根据辖区多个农场有限公司存在的共同问题，与专门研究秸秆粉碎还田的厂家合作购进新型秸秆粉碎还田机，并将秸秆粉碎还田机纳入新型农机具购置补贴目录，单台秸秆粉碎还田机补贴金额近 50%，尾山农机服务团体当年引进 4.8m 的进口秸秆粉碎还田机 14 台，此种机具专门针对大量玉米秸秆还田作业设计，主要特点是秸秆粉碎刀片在转动工作时可以形成负压将地表的秸秆吸附到机器内部，粉碎效果明显提升，刚引进时出现了"水土不服"的情况，国外作物为平播作业，辖区玉米为垄上种植，垄沟内仍有较长秸秆残留，为此分公司邀请厂家售后人员跟踪农机服务团体作业并加以改进，对应垄沟位置改用长刀、垄坨位置仍使用短刀，并在秸秆粉碎还田机前部加装搂草装置，先将垄沟内秸秆搂起然后收进还田机打碎，使得作业后可进行基础整地作业，基础整地机具见表 3-1。

表 3-1　基础整地机具选择

对比机具	联合整地机	深松浅翻犁
幅宽	6.2m	2.4m
作业速度	10km/h	9km/h
24h 作业量	148hm²	52hm²

（续）

对比机具	联合整地机	深松浅翻犁
作业效果	通过性强	容易拖堆

由于深松浅翻犁深松杆尺过于密集，浅翻耙片连接成一排，作业过程易使打碎的玉米秸秆聚堆，所以开始尝试使用联合整地机作业，联合整地机使用多排深松杆尺，每排深松杆尺间距较大，多排深松杆尺交错作业，避免了拖堆现象，而且作业效率提升两倍以上。

经过多年的秸秆还田处理，尾山农场有限公司总结出一套比较完善的农艺生产经验：玉米收获后使用进口秸秆还田机先进行一次秸秆粉碎还田作业，然后使用联合整地机联合整地、耙地、起垄。作业过程中严格落实农场"三查一监督"监管体系（即作业车组自查、联户家庭农场场长检查、作业区抽查、农业发展部监督）以抓好作业质量。农机田间作业执行联户家庭农场场长、作业机组、管理区带班领导三方签字核算制度，每个生产环节结束后，在作业区的指导、监督下，对联户家庭农场账目进行公示，年终公示全年作业费用，由联户家庭农场成员签字确认，做到账目清晰、公开、透明，自觉接受联户家庭农场成员监督，联户家庭农场、农机服务团体运行良好。并依托北安分公司农机"六统一"管理机制，实施规模化经营促进农艺农机的融合，充分发挥农场大型机械高标准作业优势，及时有效地落实农艺措施推广新机具使用，提升了农业生产抵御灾害、抗风险、提质增产的能力（图3-36）。

玉米秸秆粉碎还田作业的过程，不仅是农业机械适当应用的成果，更是农艺生产者集体智慧的结晶，从一开始的机械作业投入的增加，到后期先进农机技术的应用，不仅降低了作业成本而且提升了农机作业效率。

第一，通过农机作业方式的转变，达到了玉米秸秆禁烧的效果，有效地避免了秸秆焚烧给环境带来的污染。

第二，玉米从长远的角度考虑，经过分解后的秸秆可以提高土

图 3-36　耙地作业

壤肥效，大量补充和更新土壤有机质，提供丰富的氮、磷、钾、硅等元素，按 100kg 鲜秸秆中实物量折算，相当于尿素氮肥 3.5kg、钙镁磷肥 1.2kg、氯化钾肥 3.6kg。秸秆还田后，肥土细菌数量增加 0.5～2.5 倍，瘦土细菌数量增加 2.6～3.0 倍，提高了土壤疏松度，改善了土壤条件，有效地提高了土壤本身调节水、肥、气、热的能力。

　　第三，进口秸秆粉碎还田机的应用，一遍作业超过原有灭茬机作业多遍的作业效果，降低了农机作业强度和生产使用成本，提升了作业效率（图 3-37）。

　　第四，抢农时，玉米收获后到田间封冻留有的整地时间十分紧张，使用玉米灭茬机进行秸秆还田作业效率非常低，伴随出现基础整地机车等待秸秆还田作业情况，使得秋整地时间更加紧迫，难以完成秋整地作业任务，降低了农机服务团体作业质量，进口秸秆还田机专门应对玉米茬粉碎还田作业，不仅效果好而且作业效率大幅提升，进而为整地争取了更多的时间，保质保量地完成各层次的整地任务，为翌年的种植打下了良好基础。规模化经营能够实现土地

图 3-37　起垄作业

的成片集约生产、作物品种的统一、作业方式的统一、种植模式的统一，在北大荒集团打造双控一服务的机制下，尾山农场有限公司在完成本场作业任务后，到周边开展代耕服务，带动更多农户接受了此种模式，禁烧后秸秆还田整地模式得到大面积推广应用，进一步提高了机械化水平，促进农业绿色健康发展。

第四章　秸秆还田生态环境效应

为评估大田尺度下秸秆还田对农业生产和生态环境的影响，优化秸秆还田技术模式，充分发挥秸秆还田在耕地保育、粮食生产、减排固碳等方面的重要作用，规避秸秆还田潜在的不利影响，自2020年起，农业农村部科学技术司会同农业农村部农业生态与资源保护总站开始在各粮食主产区建立秸秆还田生态效应监测点位，并逐步构建覆盖全国的长期监测网络。经过近几年的努力，秸秆还田生态效应监测点位稳步增加，评价指标及监测方法持续完善，长期监测数据不断积累，为准确评价秸秆还田的生态环境效应、指导秸秆还田生产实际、优化秸秆还田技术模式、制定秸秆还田有关决策等提供了数据支撑和理论依据。

第一节　全国秸秆还田生态环境效应监测网络

一、监测内容

（一）气象条件和耕作、栽培措施

1. 气象条件　包括光照、气温、降水条件的记录监测。

2. 耕作、栽培措施　包括整地、施肥、灌溉、病虫草害防治相关信息记录监测。

（二）作物田间生产情况

1. 病虫草害情况　各监测点需根据区域情况及种植制度重点关注主要病虫草害发生种类、时间及危害特点等。在病害方面，重点监测玉米叶斑病、稻瘟病、小麦纹枯病和茎基腐病、油菜菌

核病等；在虫害方面，重点监测玉米螟、水稻二化螟、小麦蚜虫、油菜蚜虫等；在草害方面，重点监测稗草、牛筋草等。

2. 生产情况 包括作物种类、品种、种植和收获日期，粮食产量，作物收获留茬高度、草谷比、秸秆理论产生量、秸秆可收集量、秸秆腐解率、秸秆碳和氮磷钾含量。

（三）土壤状况

1. 基础地力 功能参数指标：pH、有机质、全氮、全磷、无机氮、有效磷、速效钾、容重、土壤含水量、水稳性团聚体组成、土壤酶活性（脲酶、蔗糖酶、过氧化氢酶、磷酸酶）、土壤温度。结构参数指标：耕层深度、犁底层厚度。

2. 温室气体排放 监测农田土壤主要温室气体（CH_4、N_2O）排放通量。

3. 还田水环境监测 监测作物（重点监测水稻）秸秆还田后周年种植的水环境风险较高关键时期（施用基肥、分蘖肥、穗肥后的第1、4、7天）农田灌溉用水和田面水的水质情况（COD、总氮、总磷）。

二、监测方法

（一）气象条件和耕作、栽培措施相关信息监测方法

1. 气象条件 全年平均日照时数、日平均光照度、日平均气温、活动积温、有效积温、年降水量等指标，可利用小型农业气象站直接监测，或通过申请使用中国气象局网络数据库获得，部分指标数据可间接计算获得。

2. 耕作、栽培措施 耕作、栽培措施按实际实施情况如实记录监测，具体如下。

整地：日期、方法（耕、翻、旋、耙等，按进行顺序记录）、次数（每种方法进行的次数，按进行顺序记录）、耕作深度（最大整地深度）。

施肥：日期、肥料生产厂家、种类（肥料类型、主要成分、化学养分含量等信息）、用量、方式（沟施、穴施、撒施等）。

灌溉：旱田灌溉模式、稻田平均淹水深度、稻田烤田期时长。

病虫草害防治：使用农药、农膜、除草剂的种类、日期、用量、施用方式等。

（二）病害调查方法

1. 病害调查项目 根据病害发生规律确定监测调查的时间和次数，一般须在病害盛发期调查 1～2 次，各区域结合当地作物生产实际确定所需监测的病害类型。

2. 病害抽样方法 病害抽样调查采用随机取样，常用的取样方法有对角线法、五点法、棋盘法、平行线法、分行法和"Z"字法等，可根据病害类型及其被害作物的分布型（随机型、核心型、嵌纹型）来确定。取样数量要根据病害的发生特点和作物栽培方法来确定。

3. 病害指标计算方法 记录病害种类，并计算发病率和病情指数。发病率：表示田间发病的多少；病情指数（严重度）：表示田间发病的严重程度，调查时须记录样本病级。上述指标计算公式如下：

$$发病率 = \frac{病苗（丛、株、穗、叶）数}{调查总苗（丛、株、穗、叶）数} \times 100$$

$$病情指数 = \frac{\sum 各病级的样本数 \times 相应发病级数}{调查样本总数 \times 最高发病级数} \times 100$$

（三）虫害调查方法

1. 虫害调查项目 各区域根据虫害发生规律确定调查的时间和次数，结合当地生产实际确定各类作物所需监测的虫害种类。

2. 虫害抽样方法 虫害抽样调查采用随机取样，常用的取样方法有对角线法、五点法、棋盘法、平行线法、分行法和"Z"字法等，可根据虫害类型及其被害作物的分布型（随机型、核心型、嵌纹型）来确定。取样数量要根据虫害的发生特点和作物栽培方法来确定。

3. 虫害指标计算方法 记录害虫种类，计算虫口密度和为害率。虫口密度：表示单位面积或一定丛（株）内的虫数多少；越冬代基数计算方法等同于越冬代虫口密度。为害率：表示为害的普遍性，以全株或部分器官计算被害率。上述指标计算公式如下：

$$虫口密度 = \frac{查得总虫数}{调查面积}$$

$$为害率 = \frac{被害株数}{调查总株数} \times 100$$

（四）草害调查方法

沿调查地块对角线方向选出若干样方，每个样方 1m²，垄播作物可根据垄宽计算 1m² 面积应取的垄长，统计每个样方上的以下指标：杂草种类、每种杂草的株数、覆盖度（杂草投影面积占样方面积的百分比）。各地区根据实际情况确定调查次数，可以从主要杂草出现开始，每半个月进行一次，共进行 1~3 次。

（五）作物生产情况调查方法

1. 作物种类、品种、种植和收获日期 按种植情况如实监测记录。各监测点须按不同作物细化具体生产相关指标，如水稻可记录育苗和移栽日期、每穴苗数等，作为基础参考信息，力求详尽。

2. 粮油测产方法 参照《全国粮食高产创建测产验收办法（试行）》（农办发〔2008〕82 号）、《全国油料高产创建测产验收办法（试行）》（农办发〔2008〕127 号），根据监测点地块面积等实际因素，制定各监测点测产方案。现以水稻、玉米、小麦、油菜测产方法为例。

水稻实收测产方法：每个处理争取实收 1 亩以上，或选取适当面积样方，机械或人工收获作业均可，计算总重量（单位：kg，用 W 表示），对实收面积进行测量（单位：m²，用 S 表示），随机抽取实收数量的 1/10 左右进行称重、去杂，测定杂质含量（单位：%，用 I 表示），取去杂后的稻谷 1kg 测定水分和空瘪率，烘干到含水率 20% 以下，剔除空瘪粒，测定空瘪率（单位：%，用 E 表示），用谷物水分速测仪测定含水率，重复 10 次取平均值（单位：%，用 M 表示）。

计算公式：$Y=(666.7 \div S) \times W \times (1-I) \times (1-E) \times [(1-M) \div (1-Mo)]$，$Mo$ 为标准干重含水率：籼稻的 Mo 为 13.5%，粳稻的 Mo 为 14.5%。

玉米实收测产方法：每个处理地块在远离边际的位置取有代表性的样点 6 行，面积（单位：m^2，S）$\geqslant 67m^2$。每个样点收获全部果穗，计数果穗数目后，称取鲜果穗重 Y_1（kg），按平均穗重法取 20 个果穗作为标准样本测定鲜穗出籽率和含水率，籽粒含水率 M（%）用国家认定并经校正后的种子水分测定仪测定，每点重复测定 10 次，求平均值。样品留存，备查或等自然风干后再校正，最后准确丈量收获样点实际面积。以籽粒含水率 14% 折算实产。

计算公式：每亩鲜果穗重 $Y=(Y_1/S) \times 666.7$；出籽率 $L=X_2$（样品鲜籽粒重）$/X_1$（样品鲜果穗重）；实测产量＝鲜穗重×出籽率×$[1-$籽粒含水率$] \div (1-14\%)$。

小麦实收测产方法：每个处理实收 1 亩以上，机械收获，测定总重量（单位：kg，用 W 表示），对实收面积（单位：亩）进行测量，随机抽取实收数量的 1/10 左右进行称重，用谷物水分速测仪测定含水率，重复 10 次取平均值（单位：%）。以国标籽粒含水率 13% 折算实产。

计算公式：实收亩产＝$W \div$收获面积$\times (1-$籽粒含水率$) \div (1-13\%)$。

油菜实收测产方法：每个处理实收 1 亩以上，机械联合收获或分段收获，测定总重量（单位：kg，用 W 表示），对实收面积（单位：亩）进行测量，随机抽取实收数量的 1/10 左右进行称重，用水分速测仪测定含水率，重复 10 次取平均值（单位：%）。以国标籽粒含水率 14% 折算实产。

计算公式：实收亩产＝$W \div$收获面积$\times (1-$籽粒含水率$) \div (1-14\%)$。

3. 秸秆还田有关指标测定方法 秸秆理论产生量、可收集量的测算方法，草谷比、留茬高度等的指标系数，均参照《农作物秸秆产生和可收集系数测算技术导则》（NY/T 4157—2022）和《农作物秸秆资源台账数据调查与核算技术规范》（NY/T 4158—2022）。

秸秆腐解率的测定采取尼龙网袋包埋法，可参照《秸秆腐熟菌剂腐解效果评价技术规程》（NY/T 2722—2015）中失重法的参数，一般以 20cm×20cm、100 目尼龙网袋包装秸秆，间隔适当距离埋入一定土壤深度，按需破坏性取样，进而测定秸秆残余量、计算秸秆腐解和腐解率。各地区按秸秆还田量（kg）/土地面积（m²）确定单位面积尼龙网袋包装秸秆量，按还田方式确定埋入深度，根据监测需要确定预埋网袋的方式、数量和取样时间。秸秆腐解监测样品为当地农田的还田秸秆，装袋前测定秸秆含水量与质量。

秸秆碳、氮、磷、钾含量参照《土壤农化分析》和《植物中氮、磷、钾的测定》（NY/T 2017—2011），其中秸秆碳含量可选择重铬酸钾-硫酸氧化法测定（参照土壤有机碳测定），秸秆氮、磷、钾含量在植株消解后分别采取凯氏定氮法、钒钼黄比色法、火焰光度计法进行测定。

（六）土壤相关指标测定方法

1. 基础地力 土壤取样方法参考《土壤质量 土壤采样技术指南》（GB/T 36197—2018）或《土壤检测 第1部分 土壤样品的采集、处理和贮存》（NY/T 1121.1—2006）。

功能参数指标：pH、有机质、全氮、全磷、无机氮、有效磷、速效钾、容重、土壤含水量、水稳性团聚体组成（每3年测定1次，分 0.053~0.25mm、0.25~2mm、大于2mm 3个团粒组成范围）、土壤酶活性（脲酶、蔗糖酶、过氧化氢酶、磷酸酶）、土壤温度（5~7cm）等可参照中国农业出版社 2000 年出版的鲍士旦主编《土壤农化分析》中的经典方法，或参照化学工业出版社 2012 年出版的《土壤监测分析实用手册》汇编的标准方法。

结构参数指标：耕层深度、犁底层厚度可作为监测点位土壤状况的参考性指标，一般以挖掘剖面的方法直接测定，借鉴张甘霖、李德成 2016 年主编的《野外土壤描述与采样手册》。

2. 温室气体排放通量 选用"密闭静态箱-气相色谱法"测定温室气体。通过密闭静态箱收集农田排放气体，用气相色谱法测定温室气体排放通量。

同一处理方式的小区至少设 3 个采气点，每次同时取样，在田间按"品"字或对角线形式排布。各监测点结合农田实际情况确定气体类型、采样箱规格和采气时间。

其中，东北区：点位 NE-1、NE-2、NE-4、NE-5、NE-6、NE-9、NE-10、NE-12、NE-14、NE-15，在玉米苗期、拔节期、抽雄期、收获期进行取样；点位 NE-3、NE-7、NE-8、NE-12、NE-13，在水稻苗期、分蘖期、孕穗期、收获期进行取样。

华北区：点位 NC-1、NC-2、NC-7，在小麦和玉米的主要生育时期以及施肥、灌水（降雨）后进行温室气体排放监测。

长江中下游区：点位 CJ-1、CJ-2、CJ-3、CJ-4、CJ-6、CJ-9，水稻移栽 1 周后至烤田前的淹水期监测 CH_4 排放 2～3 次，水稻烤田期、穗肥施用后 3d 左右各监测 N_2O 排放 1 次，小麦季每次施肥后 3d 左右监测 N_2O 排放；点位 CJ-5、CJ-7、CJ-8，水稻移栽后至烤田前的淹水期监测 CH_4 排放 2～3 次，水稻烤田期监测 N_2O 排放 1 次，油菜季每次施肥后 3d 左右监测 N_2O 排放 1 次。

华南区：点位 SC-3、SC-4，在水稻和玉米的主要生育时期以及施肥灌水后进行 CH_4 和 N_2O 排放监测。

西北区：点位 NW-1、NW-2、NW-3，在小麦、玉米和棉花的主要生育时期进行 CO_2 和 N_2O 的排放监测。

西南区：点位 SW-1，水稻移栽后至烤田前的淹水期监测 CH_4 排放 2～3 次，油菜季每次施肥后 3d 左右监测 N_2O 排放。

3. 还田水环境监测 监测前茬作物无秸秆还田和秸秆全量还田后稻田水环境变化，分别在施用基肥、分蘖肥、穗肥后的第 1、

4、7 天取灌溉用水和田面水，测定水质变化情况（COD、TN、TP）。COD 采用快速消解法〔《化学需氧量（COD）测定仪》（GB/T 32208—2015）〕，TN 采用碱性过硫酸钾消解紫外分光光度法〔《水质 总氮的测定 碱性过硫酸钾消解紫外分光光度法》（GB 11894—1989）〕，TP 采用钼酸铵分光光度法〔《水质 总磷的测定 钼酸铵分光光度法》（GB 11893—1989）〕。

田面水采集：各小区水样采用 S 形 5 点法采集后混匀，取混合水样约 200mL 保存于洁净塑料瓶中，带回实验室及时分析。灌溉时在进水口采集灌溉水水样，取水样约 200mL，保存于洁净塑料瓶中。

三、监测点位布设

2021 年，农业农村部科学技术司会同农业农村部农业生态与资源保护总站在东北、华北、长江中下游等粮食主产区共布设了 14 个秸秆还田生态效应监测点，其中东北地区 4 个、华北地区 3 个、长江中下游地区 5 个、西北地区 1 个、西南地区 1 个。2022 年，秸秆还田生态效应监测点位增加至 32 个，覆盖全国 6 大农区，其中东北地区 15 个、华北地区 2 个、长江中下游地区 9 个、华南地区 2 个、西北地区 3 个、西南地区 1 个。2023 年，秸秆还田生态效应监测点位进一步增加至 44 个，其中东北地区 15 个、华北地区 5 个、长江中下游地区 10 个、华南地区 6 个、西北地区 5 个、西南地区 1 个。监测点位覆盖黑龙江、河南、山东、四川、江苏、河北、吉林、安徽、湖南、湖北、江西、辽宁等产粮大省，作物类型包含玉米、水稻、小麦、油菜、大豆、棉花等，种植方式包括玉米连作、水稻连作、玉米—大豆轮作、小麦—玉米轮作、水稻—小麦轮作、水稻—油菜轮作、水稻—水稻—油菜轮作、棉花连作等，秸秆还田方式包括覆盖还田、旋耕还田、碎混还田、翻埋还田、生物质炭还田、过腹还田等，具体点位信息见表 4-1。

表 4-1 2023 年秸秆还田监测点位基本情况汇总

区域	编号	位置	面积	作物及种植方式	秸秆还田类型	负责团队
东北	点位 NE-1	黑龙江省哈尔滨市香坊区向阳乡东北农业大学基地	100 亩	玉米连作	覆盖还田	东北农业大学、闫超、龚振平、13069879581
					灭茬深松还田	
					翻埋还田（30cm）	
	点位 NE-2	黑龙江省哈尔滨市香坊区向阳乡东北农业大学基地	100 亩	玉米—大豆轮作	翻埋还田（30cm）	
					免耕覆盖还田	
					覆盖深松碎土还田	
	点位 NE-3	黑龙江省哈尔滨市道外区民主乡	100 亩	水稻连作	翻埋还田（30cm）	
					旋耕碎混还田（10cm）	
	点位 NE-4	黑龙江省哈尔滨市香坊区向阳乡东北农业大学基地	6 亩	玉米连作	免耕覆盖还田（5 个秸秆量）＋中耕	
					覆盖深松碎土还田（5 个秸秆量）	
					覆盖深松碎土还田（5 个秸秆量）＋中耕	

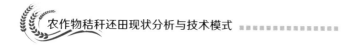
（续）

区域	编号	位置	面积	作物及种植方式	秸秆还田类型	负责团队
东北	点位 NE-5	黑龙江省哈尔滨市道外区民主乡	50 亩	玉米连作	翻埋还田（25cm） 碎混还田（0～15cm） 覆盖还田	黑龙江省农业科学院、钱春荣、13845073906
	点位 NE-6	黑龙江省哈尔滨市道外区民主乡	50 亩	玉米-大豆轮作	翻埋还田（22cm）	
	点位 NE-7	黑龙江省鹤岗市绥滨县绥滨农场	50 亩	水稻连作	翻埋还田（22cm）	黑龙江省农垦科学院、杜雅刚、吴显斌、18245159365
	点位 NE-8	黑龙江省双鸭山市集贤县二九一农场	60 亩	水稻连作	翻埋还田（22cm）	
	点位 NE-9	吉林省公主岭市农业综合实验站	20 亩	玉米连作	翻埋还田（30cm） 免耕覆盖还田	吉林省农业科学院、蔡红光、15584441606
	点位 NE-10	吉林省公主岭市农业综合实验站	5 亩	玉米连作	秸秆堆肥还田 生物质炭还田	

140

（续）

区域	编号	位置	面积	作物及种植方式	秸秆还田类型	负责团队
东北	点位 NE-11	辽宁省鞍山市海城市耿庄镇	10亩	玉米连作	炭化还田（15cm） 碎混还田（15cm）	沈阳农业大学、孟军、栾天一，15940060431
	点位 NE-12	辽宁省鞍山市海城市耿庄镇	10亩	水稻连作	炭化还田（15cm） 碎混还田（15cm）	
	点位 NE-13	辽宁省盘锦市盘山县坝墙子烟李村	3亩	水稻连作	旋耕还田（20cm）	辽宁省农业科学院，安景文、宫亮，1388123476
	点位 NE-14	辽宁省沈阳市省农业科学院试验基地	3亩	玉米连作	翻压还田（25～30cm） 翻免交替还田（25～30cm）	
	点位 NE-15	内蒙古兴安盟乌兰浩特市义勒力特镇羊场子试验基地	50亩	玉米连作	碎混还田（30cm） 过腹还田（30cm）	内蒙古自治区农牧业科学院，薛树媛，13947189385

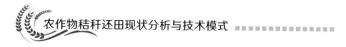

（续）

区域	编号	位置	面积	作物及种植方式	秸秆还田类型	负责团队
华北	点位 NC-1	山东省泰安市岱岳区马庄镇	60 亩	小麦－玉米轮作	覆盖（免耕）还田	山东农业大学、诸葛玉平、潘红、15169839293
					翻埋还田（15～25cm）	
	点位 NC-2	河南省新乡市原阳县福宁集镇	20 亩	小麦－玉米轮作	粉碎还田（≥25cm）	河南农业大学、冯伟、13607684269
					炭化还田	
	点位 NC-3	河南省开封市兰考县	100 亩	小麦－玉米轮作	粉碎翻耕还田（25cm）	河南农业大学、马新明、13937100780
					粉碎旋耕还田（12cm）	
	点位 NC-4	北京市顺义区大孙各庄镇	20 亩	小麦－玉米轮作	粉碎还田（15cm）	中国农业科学院农业环境与可持续发展研究所、姚宗路、13811216507
					覆盖还田	
					炭化还田	
	点位 NC-5	安徽省临泉县农科所试验田	50 亩	小麦－玉米轮作	灭茬翻埋还田（0～20cm）	安徽科技学院、汪建飞、13955069129
					腐熟剂＋灭茬翻埋还田（0～20cm）	
					有机肥＋灭茬翻埋还田（0～20cm）	

（续）

区域	编号	位置	面积	作物及种植方式	秸秆还田类型	负责团队
长江中下游	点位 CJ-1	江苏省常州市新北区奔牛稻麦原种场	20亩	水稻—小麦轮作	旋耕还田（15cm）	江苏省农业科学院、盛婧、孙国峰、13913857764
	点位 CJ-2	江苏省南京市六合区龙袍街道	20亩	水稻—小麦轮作	粉碎翻耕还田（20~25cm） 粉碎旋耕还田（10~15cm）	南京农业大学、田中伟、15996281018
	点位 CJ-3	江苏省徐州市睢宁县	20亩	水稻—小麦轮作	粉碎翻耕还田（20~25cm） 粉碎旋耕还田（10~15cm）	
	点位 CJ-4	湖南省长沙市长沙县高桥镇农科院试验基地	20亩	油菜—水稻轮作 双季稻（水稻—绿肥）	粉碎还田（10cm） 粉碎还田（10cm）	湖南省农业环境生态研究所、麦华、13574110416
	点位 CJ-5	湖南省国家水稻产业技术体系衡阳综合试验站基地	3亩	双季稻	粉碎还田（15cm）	湖南农业大学、唐启源、15116439119
	点位 CJ-6	湖南省国家水稻产业技术体系岳阳综合试验站基地	2亩	水稻—油菜轮作 双季稻	粉碎还田（15cm） 粉碎还田（15cm）	

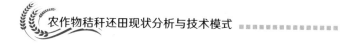

（续）

区域	编号	位置	面积	作物及种植方式	秸秆还田类型	负责团队
长江中下游	点位 CJ-7	湖北省荆门市沙洋县曾集镇张池村	10 亩	水稻—油菜轮作	水稻秸秆覆盖还田 油菜秸秆粉碎还田（12~15cm） 油菜秸秆等破碎量生物质炭还田	华中农业大学、鲁剑巍、丛日环 15071322269
	点位 CJ-8	湖北省武穴市大金镇周干村	20 亩	水稻—水稻—油菜轮作	秸秆粉碎翻压还田 秸秆免耕覆盖还田 秸秆还田部分替代化肥	
	点位 CJ-9	江西省高安市相城镇江西省农业科学院科研基地	30 亩	双季稻 双季稻—绿肥轮作	粉碎还田（14cm） 粉碎还田（14cm）	江西省农业科学院土壤肥料与资源环境研究所、徐昌旭 13907007141
	点位 CJ-10	安徽省盛农农业集团有限公司所属国家级生态农场马鞍山市当涂县丹阳湖农场科研基地	100 亩	水稻—油菜轮作	常规破碎全量旋耕还田（0~15cm；15~25cm） 粉碎全量旋耕还田（0~15cm；15~25cm） 离田发酵后全量还田	安徽科技学院、汪建飞 13955069129

（续）

区域	编号	位置	作物及种植方式	面积	秸秆还田类型	负责团队
	点位 SC-1	浙江省杭州市富阳区	双季稻	2亩	旋耕粉碎还田（免耕粉碎还田）(10~15cm)	中国水稻研究所，冯金飞，18668047082
	点位 SC-2	浙江省金华市婺城区汤溪镇寺平村	双季稻	10亩	粉碎还田（25~30cm）	
	点位 SC-3	福建省浦城县富岭镇瑞安村	水稻—绿肥轮作	5亩	粉碎还田（20cm）	福建省农业科学院土壤肥料研究所，陈济琛，13509392465
	点位 SC-4	福建省建瓯市东游镇	玉米连作	5亩	粉碎还田（30cm）	
华南	点位 SC-5	广东省惠州市惠阳区农业农村综合服务中心试验基地	双季稻轮作	100亩	粉碎还田（25~30cm）翻埋还田（10~20cm）炭化还田	广东省农业科学院农业资源与环境研究所，刘忠珍，13527790364，卢钰升，13560450959
	点位 SC-6	海南省临高县临城镇美当村	木薯连作	3亩	覆盖还田翻埋还田（15~20cm）	中国热带农业科学院热带生物技术研究所，孙海彦，13647577352

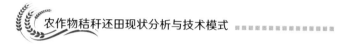
（续）

区域	编号	位置	面积	作物及种植方式	秸秆还田类型	负责团队
西北	点位 NW-1	陕西省咸阳市泾阳县云阳镇	15 亩	小麦—玉米轮作	小麦秸秆免耕覆盖还田（玉米秸秆旋耕还田）（15～20cm） 小麦秸秆旋耕还田（玉米秸秆旋耕还田）（15～20cm）	西北农林科技大学，刘杨，18792813887
	点位 NW-2	宁夏回族自治区银川市永宁县望洪镇西和村宁夏大学教学实验农场	25 亩	小麦—玉米轮作	小麦秸秆粉碎深耕还田（25～30cm） 小麦秸秆粉碎深耕还田（玉米秸秆粉碎深耕还田）（25～30cm）	宁夏大学，马琨，18009578108
	点位 NW-3	新疆石河子市龙泉小区南区石河子大学实验场	10 亩	棉花连作	粉碎还田（25～30cm）	石河子大学，张若宇，闵伟，18935701717
	点位 NW-4	新疆石河子市望月坪社区新疆农垦科学院棉花所试验田	10 亩	棉花连作	粉碎还田（25～30cm）	新疆农垦科学院，韩焕勇，18109937619
	点位 NW-5	新疆第七师 131 团八连第七师农业科学研究所试验田	10 亩	棉花连作	粉碎还田（25～30cm）	
西南	点位 SW-1	四川省德阳市中江县仓山镇	10 亩	油菜—水稻轮作	粉碎还田（0～30cm）	农业农村部成都沼气科学研究所，胡国全、祝其丽，13880723430

146

第二节　秸秆还田生态环境效应

一、文献分析

近年来，随着全国秸秆综合利用工作的不断推进，秸秆还田面积、还田量和还田水平稳步提升，还田技术效果在研究上和生产上都引发了广泛关注。为此，我们对 1999—2019 年国内外秸秆还田文献进行了梳理和总结，并得出了一些结论。

（一）秸秆还田利用是当前秸秆利用的最主要途径

农作物秸秆资源台账数据显示，秸秆直接还田已成为最主要的秸秆利用方式。2018 年，全国秸秆可收集资源量 8.56 亿 t，秸秆综合利用量 7.32 亿 t，其中肥料化利用量 4.93 亿 t（占已利用量的67.3%），直接还田利用量为 4.46 亿 t（占已利用量的 60.9%）。从区域上看，华北地区秸秆直接还田量占利用量的 79%，华南地区占 75%，长江中下游地区占 70%，西北地区占 50%，西南地区占 44%，东北地区占 37%，在全国大部分地区，秸秆还田都是重要的利用出口。2019 年，秸秆直接还田利用比例进一步提升，占已利用量的 63% 以上，预计较 2018 年提高了 2 个百分点。

（二）秸秆还田利用已成为国内外研究热点

我们对 1999—2019 年"CSCD"（中国科学引文）和"SCI-E"（科学引文索引）两大权威数据库的文献进行了调研，结果显示，秸秆还田利用已成为国内外研究的热点。共检索到秸秆利用相关论文 2.9 万篇，其中肥料化利用方向相关论文近 1.4 万篇，占比为46.9%（燃料化利用方向占比为 35.5%，饲料化利用方向占比为14.4%，原料化利用方向占比为 4.9%，基料化利用方向占比为3.1%）。1999—2019 年，"秸秆还田"作为论文关键词出现的频率增长了近 10 倍，词频在数万个同领域中文关键词中始终排名第一；聚类分析结果显示，国内外秸秆利用的研究热点中一半以上与秸秆还田相关，主要涉及秸秆还田与土壤养分、温室气体、有机碳、微生物、作物产量等方面。

（三）秸秆还田利用技术效果评价存在争议

相关研究的广泛开展，为推动秸秆还田利用提供了非常丰富的理论依据，但对秸秆还田技术效果评价结论还不一致。目前多数研究认可秸秆还田增加土壤有机碳、改善土壤结构、促进作物增产等方面的积极作用，但关于秸秆还田对作物生长、病虫草害发生等方面的影响，还存有争议。秸秆还田技术作为全国范围内应用规模最大的秸秆综合利用技术，目前还难以全面评价其在实践中的应用效果，尤其是在秸秆还田长期实施的背景下，技术应用的利弊效应尚不可准确预知。

二、秸秆还田利用技术效果研究

我们采用 Meta 分析与文献综述相结合的方法，以中国知网、Web of Science 上公开发表的秸秆还田田间试验性研究论文为主要数据来源，从 2 000 篇以上的中英文研究论文中筛选获得近 300 篇论文和近 5 000 对有效数据，系统评价了与不还田相比，作物产量、土壤理化性状、土壤养分状况、土壤有机碳、温室气体排放以及病虫草害发生情况对秸秆还田技术的响应，全面、系统地反映了秸秆还田对农田生态系统的综合影响。

（一）秸秆还田对作物产量的影响

综合来看，秸秆还田能够显著提高作物产量近 7%。有 85% 以上的研究结果反映了秸秆还田能够提高作物产量，秸秆还田技术的增产区间主要在 6.5%～9.2%。秸秆还田的增产效应与其改良土壤养分状况的作用关系明显。通过对作物-土壤系统指标之间相互关系的分析发现：秸秆还田后，作物产量与土壤养分（特别是有效态氮、磷、钾）存在显著正相关的关系，这表明秸秆还田后通过提升有效养分水平而改善作物生产环境，从而提高了作物产量。配合适宜的农艺管理措施，可进一步提升秸秆还田的增产效应。配合轮作模式，秸秆还田增产幅度能提升 4 个百分点；免耕措施也能明显提高秸秆还田的产量表现；改善氮肥管理策略，合理施肥能够使秸秆还田增产幅度提升 2 个百分点；同时，科学的秸秆还田策略，如

避免长期连续还田（10年以上），确定适当的秸秆还田量都能有效维持秸秆还田的增产效应。

（二）秸秆还田对土壤理化性状的影响

综合来看，秸秆还田能够显著改善土壤物理结构、促进土壤增温保墒，但是增加了土壤酸化的风险。有80%以上的研究结果反映了秸秆还田能够降低土壤容重，降低幅度在2.8%～4.9%，平均降低了3.9%。82%以上的研究结果反映了秸秆还田增加了土壤孔隙度，显著增幅区间为6.4%～15.1%，平均增加了10.2%。90%的研究结果反映了秸秆还田提高了土壤团聚体含量，显著增幅为11.1%～21.2%，平均增加了16.1%。57%的研究结果反映了秸秆还田能够提高土壤温度，显著增温区间为2.8%～10.0%，平均增温6.7%。84%以上的研究结果反映了秸秆还田能够提高土壤含水量，显著提高2.6%～10.7%，平均提高了5.9%。55%的研究结果反映了秸秆还田降低了土壤pH，显著减幅为0.6%～2.1%，平均降低了1.4%。秸秆还田对土壤容重的改善与促进土壤固碳和养分供给有显著关系。通过不同指标之间关系的分析，发现秸秆还田显著降低了土壤容重，这在一定程度上促进了土壤结构改良，提高了土壤固碳能力和养分供给能力。在不同情况下，秸秆还田对土壤理化性状的影响不同。对于不同作物，秸秆还田后，玉米地土壤孔隙度提高的效果最为明显，小麦地土壤团聚体含量增加的效果最为明显。配套作物轮作措施时，秸秆还田提高土壤孔隙度、团聚体含量的效果更为明显；配套翻耕措施时，秸秆还田降低土壤容重的效果更为显著；在高氮投入下，秸秆还田能有效降低土壤C/N，但却降低了土壤团聚体含量；增加还田年限，秸秆还田降低土壤容重、增加孔隙度的效果会更加显著，但也降低了土壤团聚体含量。

（三）秸秆还田对土壤养分状况的影响

综合看来，秸秆还田提高土壤养分含量的效果较为明显。82%以上的研究结果反映了秸秆还田能够有效提高土壤全氮及有效态氮的含量，其提高幅度分别为8.5%～12.3%和7.1%～12.2%，全氮及有效态氮的平均增量分别为 10.3％和 9.6％。73％以上的研究结果反映了秸秆还田能够有效提高土壤全磷及有效态磷含量，增幅分别在 3.2％～8.8％和 9.7％～21.8％，平均提高了 5.9％和 15.2％。71％以上的研究结果反映了秸秆还田能够有效提高土壤全钾及有效态钾的含量，增幅分别在 0.4％～3.6％和 6.9％～ 12.2％，平均增加了 1.9％和 9.5％。秸秆还田提高土壤养分含量与土壤碳库动态关系密切。秸秆还田条件下，不同养分指标之间的相关关系明显，反映了养分指标之间存在协同变化关系。土壤有机碳、微生物生物量碳（主要指微生物体内的碳）与土壤养分的关系显著，说明秸秆还田后提高了碳的输入与微生物活性，加速了土壤有机质的腐解及矿化过程，增加了养分的释放，改善了土壤养分状况，从而促进了作物生产。不同情况下，秸秆还田提高土壤养分含量的效应也会有所不同。不同作物间，秸秆还田对土壤养分含量影响的差异主要表现在有效态磷与有效态钾上，秸秆还田后，稻田土壤有效态磷含量的增量最高，小麦田土壤有效态钾含量的增量最高。旋耕显著增强了秸秆还田提高土壤全氮的效果；土壤养分含量并不会随还田年限的增加而一直提高。与减量还田相比，全量还田提高了土壤磷、钾的含量，但是对氮的影响不明显。

（四）秸秆还田对土壤有机碳及其组分的影响

秸秆还田总体上能够显著提高土壤有机碳及其各活性组分含量。85％以上的研究结果反映了秸秆还田能够提高土壤有机碳含量，显著增幅为 10.4％～14.6％，平均增加量为 12.3％。而对于各组分有机碳，均有 80％以上的研究结果反映了秸秆还田技术能够有效提高活性有机碳含量，不同组分平均增幅在 16.5％～ 36.8％。其中，微生物生物量碳（主要指微生物体内的碳）的显著增加幅度在 29.2％～45.8％，平均增加了 36.8％。土壤颗粒碳（大粒径土壤中的有机碳）对秸秆还田的响应最为明显，显著增加幅度在 15.9％～71.0％，平均增加了 36.4％。土壤有机碳尤其是活性组分对秸秆还田的响应在不同条件下变化明显。秸秆还田后，稻田土壤有机碳含量提升效果最为明显，而玉米田土壤活性组分的响应更为剧烈；秸秆还田条件下土壤有机碳及活性组分受耕作深度的影响，免耕能够显著增加表层土壤有机碳及活性组分含量。合理的施氮量有利于秸秆还田提高土壤有机碳及活性组分含量。延长秸秆还田年限并不能持续提升土壤有机碳含量（即发生土壤"碳饱和"现象），但增加了活性组分含量。与减量还田相比，全量还田并未显著影响土壤有机碳的增量，但是减少了活性组分的增量。秸秆还田提升土壤有机碳含量尤其是活性组分是反映秸秆还田综合效应的关键指标。土壤有机碳是评价土壤质量与功能的重要指标，不同指标相关关系的分析结果显示，秸秆还田条件下土壤有机碳含量与有机碳不同组分、土壤养分、土壤基础理化性状变化的关系均十分密切，尤其是活性组分与养分动态等关系明显，这说明：秸秆还田通过向土壤输入有机物质加速了新添加和土壤中原有有机质的腐解、矿化过程以及微生物活性，从而引起了土壤-环境-作物的综合变化。

（五）秸秆还田对温室气体排放的影响

综合来看，秸秆还田明显增加了农田土壤温室气体的直接排放量。96%的研究结果显示，秸秆还田提高了农田土壤CO_2直接排放量，显著提升幅度在12.3%～54.0%，平均增加了31.7%。81%的研究结果显示，秸秆还田提高了稻田CH_4的直接排放量，显著提升幅度为85.1%～186.1%，平均增加了130.9%。对于N_2O直接排放的研究，结果中增加或减少比例接近，但汇总结果显示秸秆还田显著增加了12.2%的直接排放量。秸秆还田条件下温室气体直接排放受秸秆还田的方法和环境因素等的影响十分明显。稻田秸秆还田CO_2的排放量明显高于小麦田、玉米田，但是N_2O排放量差异并不明显；玉米田秸秆还田N_2O直接排放量显著提高。配合轮作模式，秸秆还田促进温室气体排放的效应会进一步加强。配合免耕措施，秸秆还田温室气体排放量有所下降。CH_4直接排放量会随施氮量的增加而增加；增加秸秆还田年限有刺激温室气体排放增加的风险；与减量还田相比，全量还田增加了CH_4直接排放量，但是减少了N_2O直接排放量。

（六）秸秆还田对病虫草害的影响

一般认为，秸秆还田会增大病虫草害大面积发生的可能性。研究发现：华北小麦—玉米系统中玉米秸秆还田增加了小麦纹枯病、全蚀病、根腐病发病率（Qi et al.，2015）；免耕秸秆覆盖农田增加了7%～16%的地下害虫危害率（梁志刚等，2017）；秸秆覆盖还田能控制杂草的发生，与秸秆深埋还田相比，显著减少了杂草的种类和数量（李贵等，2016）。总结相关研究，秸秆主要通过自身携带的病原体、虫卵等、改变土壤环境（特别是温度与湿度）、改变土壤微生物（病原体）的数量与种类等，从而增大病虫草害发生的风险。改善秸秆还田方式可有效减少病虫草害的发生。研究发现：秸秆还田年限与还田量的增加会增大病虫草害发生的风险，改善秸秆还田技术、集成绿色防控技术能有效控制这一风险。提高秸秆粉碎程度、秸秆熟化后还田、集中沟埋深还、减少灌溉量、选用适当杀虫剂和除草剂及改善配套农田管理措施等可以明显减少秸秆还田条件下病虫草害的发生（赵秀玲等，2017；苏瑶等，2019）。

三、定位监测

（一）对作物产量的影响

整体而言，秸秆还田增加了农作物产量，增产幅度与作物类型、还田方式等密切相关。

从不同区域来看，2022年，东北地区秸秆还田显著增加了玉米产量，平均增幅为11.2kg/亩，其中翻埋还田处理玉米产量增幅最大（25.4kg/亩）；对水田而言，秸秆还田对水稻产量无明显影响。华北地区秸秆还田显著增加了小麦、玉米产量，其中玉米产量平均增加35.7kg/亩，小麦产量平均增加34.5kg/亩。长江中下游地区水稻—小麦轮作体系秸秆还田与不还田处理的小麦产量无明显差异，水稻产量明显增加，增产幅度为6.3%～10.6%；水稻—油菜轮作体系秸秆还田处理水稻产量为555.3kg/亩，较不还田处理提高52.6kg/亩，增产幅度为10.4%；双季稻模式下秸秆还田处理与不还田处理的早稻产量提高3.0%、晚稻产量提高0.2%。西北地区小麦—玉米轮作条件下秸秆还田与不还田处理的小麦、玉米产量无显著差异，但棉花产量明显增加，增产幅度在 20.1%～30.1%。西南地区水稻—油菜轮作模式下秸秆还田比不还田油菜产量增加 12.4kg/亩，水稻产量增加 53.2kg/亩，其中隔年还田模式作物产量增幅更大，但需进一步进行监测求证。

2023 年，东北地区秸秆还田显著增加了玉米产量，平均增幅为 23.4kg/亩，其中翻埋还田处理玉米产量增幅最大（25.4kg/亩）；对水田而言，秸秆还田较不还田处理水稻产量变化幅度为 −5.93%～0.68%。华北地区秸秆还田显著增加了小麦、玉米产量，其中玉米产量平均增加 11.5kg/亩、小麦产量平均增加 23.9kg/亩。长江中下游地区水稻—小麦轮作体系秸秆还田与不还田处理的小麦产量平均增加 11.1kg/亩，水稻产量平均增加 27.3kg/亩，平均增产率为 4.22%；双季稻模式下秸秆还田处理与不还田处理的早稻产量提高 2.2%、晚稻产量提高 0.4%。西北地区小麦—玉米轮作条件下秸秆还田与不还田处理的小麦和玉米产量分别增加 43.2kg/亩和 31.4kg/亩，增产幅度分别为 10.8% 和 6.43%，西北干旱地区秸秆还田后对作物的增产效应显著。西南地区水稻—油菜轮作模式下秸秆还田处理的油菜和水稻产量均高于不还田处理，其中一年一还模式作物产量最高，但需进一步进行监测求证。

（二）对土壤有机质的影响

秸秆还田是促进土壤固碳、培肥土壤的重要农田管理措施。2022 年，对旱田而言，东北地区秸秆还田处理土壤有机质较不还田处理平均增加 4.62%，华北地区秸秆还田处理土壤有机质较不还田处理平均增加 7.98%，西北地区小麦—玉米轮作模式秸秆还田后土壤有机质平均增加 6.16%，全国旱田秸秆还田后土壤有机质平均增加 6.25%。对水田而言，东北地区秸秆还田处理土壤有机质较不还田处理平均增加 2.43g/kg，长江中下游地区稻田秸秆还田处理土壤有机质较不还田处理平均增加 5.60g/kg，西南地区水稻—油菜轮作体系秸秆还田后土壤有机质增加 4.99g/kg，全国稻田秸秆还田后土壤有机质平均增加 4.34g/kg。总体而言，秸秆还田可通过增加输入土壤的植株残体碳源实现土壤固碳。

2023 年，对旱田而言，东北地区秸秆还田处理土壤有机质较不还田处理平均增加 4.80％，华北地区秸秆还田处理土壤有机质较不还田处理平均增加 6.60％，西北地区小麦—玉米轮作模式秸秆还田后土壤有机质平均增加 2.10％，全国旱田秸秆还田后土壤有机质平均增加 5.32％。对水田而言，东北地区秸秆还田处理土壤有机质较不还田处理平均增加 2.50％，长江中下游地区稻田秸秆还田处理有机质较不还田处理平均增加 6.51％，华南地区稻田秸秆还田处理有机质较不还田处理平均增加 11.9％，西南地区水稻—油菜轮作体系秸秆还田后有机质增加 10.4％，全国稻田秸秆还田后土壤有机质平均增加 9.08％。总体而言，秸秆还田通过增加输入土壤的植株残体碳源实现土壤固碳，土壤有机质平均增幅在 5.0％以上。

（三）对土壤肥力的影响

不同区域秸秆还田后旱田和稻田土壤养分含量整体呈增加趋势，部分水田监测点土壤有效磷含量呈降低趋势。东北地区旱田秸秆还田后，土壤全氮和有效磷含量无明显变化，但速效钾含量增加了 16.9～34.6g/kg，平均增幅为 4.45％。黄淮海地区小麦—玉米轮作区秸秆还田显著增加了土壤全氮、有效磷、速效钾等养分含量，其中全氮含量增加了 0.03～0.15g/kg，平均增幅为 7.16％，有效磷和速效钾含量分别平均增加了 10.2％和 8.57％。西北地区秸秆还田后土壤养分整体呈增加趋势，全氮、有效磷、速效钾含量增幅均在 10.0％以上。相比于秸秆不还田处理，东北地区水田秸秆还田后土壤全氮含量、速效钾含量分别平均增加了 2.54％和 28.2％，有效磷含量无明显变化。长江中下游地区秸秆还田后全氮含量增加了 0.02～0.21g/kg，平均增幅为 5.34％；速效钾含量大幅提升，增加了 4.1～38.4mg/kg，平均增幅为 16.7％；江苏常州监测点秸秆还田后有效磷含量显著降低，其他监测点有效磷含量主要呈增加趋势。西南地区水稻—油菜轮作体系秸秆还田后土壤全氮增加了 0.23g/kg，有效磷增加了 0.10mg/kg，速效钾增加了 7.0mg/kg。

2023 年，东北地区旱田秸秆还田后，土壤全氮、有效磷、速效钾分别平均增加了 5.26％、36.2％和 5.26％，土壤有效磷含量增幅较大。华北地区小麦—玉米轮作区秸秆还田显著增加了土壤有效磷、速效钾等养分含量，土壤全氮含量无明显变化，有效磷和速效钾含量分别平均增加了 5.96mg/kg 和 18.31mg/kg。西北地区秸秆还田后土壤全氮含量无明显变化，有效磷、速效钾含量增幅均在 5％以上。相较于秸秆不还田处理，东北地区水田秸秆还田后土壤全氮含量、速效钾含量均明显增加，有效磷含量无明显变化。长江中下游地区秸秆还田后全氮含量增加了 0.09～0.28g/kg，平均增幅为 2.86％，速效钾含量大幅提升，平均增幅为 17.1％。华南地区双季稻轮作体系秸秆还田后土壤养分整体呈小幅上升趋势，但未达显著水平。西南地区水稻—油菜轮作体系秸秆还田后土壤全氮增加了 7.2％～17.5％，有效磷含量无明显变化。

（四）对病虫草害的影响

1. 草害情况 秸秆还田会显著影响田间杂草类型，合理的秸秆还田方式不会增加田间杂草的危害程度。2022 年，东北地区玉米田主要杂草为马唐、稗草，秸秆还田一定程度上增加了玉米生长后期的杂草覆盖度；稻田主要杂草为慈姑、萤蔺，旋耕粉碎还田处理的萤蔺覆盖度明显增加，翻埋还田处理在一定程度上可以抑制萤蔺的生长。黄淮海地区杂草种类主要是马齿苋、牛筋草、马唐，在统一草害防治前提下，秸秆直接还田与不还田处理的杂草覆盖度无明显差异。长江中下游地区水稻—小麦轮作体系秸秆还田后小麦季的看麦娘平均覆盖度从 15.0％降低至 7.7％；水稻季杂草主要是鸭舌草，秸秆还田后的鸭舌草覆盖度从 0.28％降低至 0.08％。水稻—绿肥轮作模式秸秆还田后的稗草密度从 0.89 株/m² 增加至 3.00 株/m²，未发现草害对产量造成影响。西南地区水稻—油菜轮作模式田间杂草以棒头草和繁缕为主，秸秆还田与不还田处理棒头草和繁缕的田间密度无显著差异。西北地区小麦—玉米轮作模式杂草以狗尾草、牛筋草为主，杂草覆盖度在 12.3%～14.3%，秸秆还田对田间草害无明显影响。

2023 年，东北地区玉米田主要杂草为马唐、稗草，稻田主要杂草为慈姑、萤蔺，玉米田进行免耕覆盖还田、稻田进行旋耕粉碎还田会明显增加杂草覆盖度，翻埋还田处理一定程度上可以抑制杂草的生长。华北地区和西北地区杂草种类主要是马齿苋、牛筋草、马唐，在统一草害防治前提下，秸秆直接还田与不还田处理的杂草覆盖度无明显差异。长江中下游地区水稻—小麦轮作体系秸秆还田后小麦季的看麦娘覆盖度在 0.7%～6.7%，半量秸秆还田处理的杂草覆盖度最高，但未对粮食产量造成影响；水稻季杂草主要是鸭舌草，秸秆还田后的鸭舌草覆盖度从 0.10% 增加至 4.00%。华南地区双季稻轮作模式田间杂草以鸭舌草、节节菜和三棱草等为主，与不还田相比，秸秆还田处理三棱草的覆盖度明显增加。西南地区水稻—油菜轮作模式田间杂草以稗草和繁缕等为主，与不还田处理相比，秸秆还田处理的棒头草和繁缕的田间密度呈增加趋势，但处理间无显著差异。

2. 病害情况 秸秆还田后病害情况较为复杂，无明显的规律性，作物发病情况与气候条件、上茬作物病情、还田方式等因素均密切相关；整体而言，长江中下游和西南地区秸秆还田后作物病害增加的风险较大。2022 年，东北地区秸秆覆盖还田增加了玉米炭疽病的发病率和病情指数，对玉米大斑病和灰斑病的发病率的影响未表现出一致的规律性；稻田秸秆还田对稻瘟病发病率无明显影响。黄淮海平原秸秆还田对小麦纹枯病、锈病以及玉米叶斑病无明显影响。长江中下游地区水稻—小麦轮作体系小麦病害以纹枯病为主，秸秆还田后纹枯病发病率和病情指数分别增加了 5.5% 和 3.2%；水稻季病害以纹枯病为主，秸秆还田处理后纹枯病发病率从 2.0% 增加至 4.0%～6.0%。水稻—油菜轮作模式秸秆还田处理水稻纹枯病和稻瘟病的发病率比不还田处理分别提高 2.3% 和 7.8%；水稻—绿肥轮作模式中秸秆半量还田明显降低了晚稻稻瘟病的发病率。西北地区小麦条锈病、玉米锈病的发病率分别在

10％和3.3％左右，但不同还田处理间无显著差异。

2023年，东北地区秸秆还田对玉米大斑病发病率的影响未表现出一致的规律性，但增加了水稻叶瘟病和穗茎瘟病的发病率。华北地区秸秆还田后小麦纹枯病、锈病以及玉米叶斑病无明显变化。长江中下游地区江苏南京、盐城等地的监测结果显示水稻—小麦轮作体系秸秆还田增加了作物赤霉病、白粉病、纹枯病的发病率，增幅在6.01％～8.22％；江苏常州、湖南等监测点的结果表明秸秆还田对水稻和小麦发病率无明显影响。华南地区秸秆还田后玉米锈病和大斑病的发病率未表现出一致的规律性；秸秆炭化还田后水稻纹枯病的发病率大幅降低，但秸秆翻埋还田后水稻纹枯病发病率提高了34.0％。西北地区秸秆还田对小麦条锈病、玉米锈病的发病率无明显影响，但小麦条锈病在倍量还田处理的发病率明显增加。西南地区秸秆还田增加了水稻稻瘟病的发病率，使其病情指数从1.4％增加至4.7％。

3. 虫害情况 整体而言，秸秆还田后作物害虫的虫口密度和为害率呈增加趋势，但虫害未对作物产量造成明显影响。此外，各类虫害对秸秆还田模式的响应存在明显差异，与作物类型、气候条件、还田方式等因素密切相关。秸秆还田结合农药喷洒措施可以显著抑制病虫害发生。2022年，东北地区哈尔滨监测点秸秆翻压还田处理明显降低了玉米螟的发病率和虫口密度，但沈阳监测点的结果显示秸秆翻压还田后玉米螟危害率从13.5％增至21.2％；稻田秸秆还田后水稻二化螟的危害率从1.3％增加至3.1％。长江中下游地区双季稻种植体系秸秆还田后稻飞虱的虫口密度从每百丛96.7头增至120.0头，但二化螟危害率降低了33.8％；水稻—油菜轮作模式秸秆还田后稻纵卷叶螟和二化螟的虫口密度分别降低了25.1％和19.1％，稻飞虱虫口密度增加了35.2％；水稻—绿肥轮作模式秸秆还田后的稻纵卷叶螟和稻飞虱的危害率均明显降低。黄淮海地区和西南地区监测点在农药预防条件下未发现明显虫害。西北地区小麦—玉米轮作模式秸秆还田后玉米螟的危害率从10.0％降至6.7％左右，虫害风险降低。

2023 年，华北地区监测点在农药预防条件下未发现明显虫害。东北地区秸秆还田后玉米螟危害率和虫口密度整体表现出增加的趋势，其中免耕覆盖还田的玉米螟虫口密度最高，过腹还田可以明显降低虫口密度。长江中下游地区水稻—小麦轮作和双季稻种植区秸秆还田后稻飞虱、二化螟等害虫的虫口密度呈增加趋势，但与秸秆不还田地块差异不显著。华南地区秸秆还田后增加了二化螟、玉米蚜虫的虫口密度，对稻飞虱的虫口密度影响不一致。此外，秸秆炭化还田可以显著降低晚稻螟虫口密度，秸秆翻埋还田存在增加作物虫害的风险。西北地区小麦—玉米轮作模式秸秆还田后小麦蚜虫的虫口密度降低了 33.2%～54.1%，虫害风险降低。西南地区水稻—油菜轮作体系中秸秆还田后增加了蚜虫和菜青虫的危害率，但差异未达到显著水平。

（五）对温室气体排放的影响

1. 稻田温室气体排放情况 秸秆还田会增加稻田 CH_4 排放总量，CH_4 排放量与秸秆还田方式、土壤扰动程度、秸秆还田量密切相关。2022 年，东北地区稻田不同秸秆还田方式 CH_4 排放总量规律为：翻埋还田＞旋耕粉碎还田＞翻埋不还田＞旋耕不还田。长江中下游地区稻田进行秸秆还田后显著增加了 CH_4 温室气体排放量，增幅在 72.6%～128.4%；旋耕还田模式 CH_4 排放量较翻耕还田明显增加。总体而言，可以通过减少秸秆还田量、隔年还田、炭化还田等方式减少稻田温室气体排放。

2023 年，东北地区稻田不同秸秆还田方式 CH_4 排放总量规律为：翻埋还田＞旋耕粉碎还田＞翻埋不还田＞旋耕不还田；生物质炭的施用可以显著降低 CH_4 和 N_2O 累计排放量。长江中下游地区稻田进行秸秆还田后显著增加了 CH_4 和 N_2O 排放量，周年全球增温潜势（GWP）增幅在 27.1%～128.6%；旋耕还田模式 CH_4 排放量较翻耕还田明显增加。华南地区稻田秸秆还田显著增加了 N_2O 和 CH_4 排放量，免耕和施用缓控释肥可以分别减少 51.2% 和 31.2% 的温室气体排放量，深翻会增加 10% 的 N_2O 排放量。西南地区稻田进行秸秆还田后显著增加了 CH_4 温室气体排放量，排放高峰集中在返青期和分蘖期。总体而言，可以通过减少秸秆还田量、免耕、施用缓控释肥、炭化还田等方式减少稻田温室气体排放。

2. 旱田温室气体排放情况　2022 年，东北地区玉米连作体系不同秸秆还田方式 N_2O 排放量规律为：翻埋还田＞粉碎旋耕还田＞不还田，CH_4 和 N_2O 排放量与秸秆还田量呈显著正相关关系。黄淮海地区秸秆单季还田比不还田增加了 N_2O 排放量（20.9%），同时增加了 CH_4 的排放量（17.5%），具有增加温室效应的风险；与秸秆不还田比较，秸秆炭化还田降低了土壤 N_2O 累计排放量（周年为－9.2%）。长江中下游地区水稻—小麦轮作模式秸秆还田增加了小麦季 CH_4 排放量，但降低了 N_2O 排放量，减幅达10.6%。西北地区秸秆覆盖还田处理 N_2O 和 CO_2 排放量显著高于不还田、旋耕还田处理，可能与覆盖处理采用免耕还田有关，氮肥施在地表，进一步提高了温室气体的排放量。

2023 年，东北地区玉米连作体系不同秸秆还田处理（秸秆深翻还田、免耕覆盖还田、粉碎旋耕还田）N_2O 排放量均高于不还田处理，秸秆炭化还田可以降低 N_2O 排放量；此外，土壤 CH_4 和 N_2O 排放量与秸秆还田量呈显著正相关关系。华北地区秸秆单季还田比不还田增加了 N_2O 排放量（20.9%），同时增加了 CH_4 的排放量（17.5%），具有一定的温室减排能力。与秸秆不还田比较，秸秆炭化还田降低了土壤 N_2O 累计排放量（周年为－5.4%）。长江中下游地区水稻—小麦轮作模式下水稻秸秆还田增加了小麦季 CH_4 和 N_2O 排放产生的全球增温潜势，增幅为 13.43%～30.97%，半量水稻、小麦高留茬旋耕灭茬还田降低了小麦季 CH_4 和 N_2O 排放产生的全球增温潜势，降幅为 13.81%，但处理间差异均不显著。西北地区秸秆还田后 N_2O 排放量增加了 7.57 倍，排放高峰集中在拔节期。从还田方式来看，秸秆覆盖还田处理 N_2O 和 CO_2 排放量显著高于不还田、旋耕还田处理，可能与覆盖处理采用免耕还田相关，将氮肥施在地表进一步提高了温室气体的排放量。

（六）不同区域秸秆腐解率

1. 小麦（玉米）秸秆腐解情况　2022 年，小麦（玉米）秸秆的腐解率与区域气候条件、还田深度等因素相关。黄淮海地区山东监测点小麦秸秆包埋 5cm、15cm 的周年腐解率分别为 51.9%、54.7%，玉米秸秆在 5cm、15cm 的腐解率分别为 50.1%、57.44%，秸秆腐解率与还田深度密切相关。长江中下游地区水稻——小麦轮作体系中小麦秸秆的当季腐解率为 73.0%~80.0%。东北地区玉米秸秆包埋后当年腐解率在 43.0%~72.0%，哈尔滨监测点玉米秸秆包埋 4 年后的腐解率依次为 60.63%、19.01%、12.06%、0.7%，累计腐解率达到 92.40%。

2023 年，小麦（玉米）秸秆的腐解率与区域气候条件、还田深度等因素相关。东北地区玉米秸秆包埋后的周年腐解率在 45.5%~81.3%。华北地区山东监测点小麦秸秆包埋 5cm、15cm 的周年腐解率分别为 51.9%、54.7%，玉米秸秆在 5cm、15cm 的腐解率分别为 50.1%、57.44%，秸秆腐解率与还田深度密切相关。长江中下游地区水稻——小麦轮作体系中小麦秸秆当季腐解率为 73.9%~81.5%。西北地区小麦秸秆包埋 7 个月时秸秆腐解率达到了 64.1%~87.65%，包埋 14 个月时小麦秸秆腐解率为 99.68%。

2. 水稻秸秆腐解情况 2022 年，东北地区水稻秸秆包埋不同深度后的逐年腐解率为 55.6%、11.4%、9.3%、5.6%、4.4%，5 年累计腐解率为 87.0%。长江中下游地区水稻——小麦轮作体系（江苏）水稻秸秆的当季腐解率为 70.1%，周年腐解率为 84.3%；双季稻种植体系（湖南）水稻秸秆的当季腐解率在 69.3%~85.3%；水稻——绿肥轮作模式（江西）水稻秸秆的当季腐解率在 68.7%~71.9%。西南地区水稻——油菜轮作模式（四川）水稻秸秆的当季腐解率为 72.6%。

2023 年，5 年累计腐解率为 87.0%。长江中下游地区水稻——小麦轮作体系（江苏）水稻秸秆的当季腐解率为 70.1%，周年腐解率为 84.3%；双季稻种植体系（湖南）水稻秸秆的当季腐解率在 69.3%~85.3%；水稻——绿肥轮作模式（江西）水稻秸秆的当季腐解率在 68.7%~71.9%。西南地区水稻——油菜轮作模式（四川）水稻秸秆的当季腐解率为 72.6%。

第五章　秸秆还田有关法律法规、政策和标准

第一节　秸秆还田有关法律法规及政策

　　改革开放前，秸秆在农村是宝贵资源，为农村用能、养畜、房屋修缮等提供原材料。20 世纪 80 年代以来，随着我国农作物种植面积和单产不断增加，秸秆总量也随之增加，同时农村用能结构加快转变，秸秆不再是农村炊事取暖的主要燃料，我国农村普遍出现秸秆过剩问题，露天焚烧秸秆问题日益突出。推进秸秆综合利用工作被提上重要议事日程。1997 年，农业部专门印发《关于严禁焚烧秸秆　切实做好夏收农作物秸秆还田工作的通知》，首次对秸秆禁烧和还田工作提出了要求，这也标志着秸秆综合利用正式进入起步阶段。近年来，农业农村部认真贯彻落实党中央、国务院决策部署，在财政部、生态环境部等部门的大力支持下，会同各地农业农村部门把秸秆综合利用置于农业农村发展的大局之中，并推动国家及地方强化法治政策保障。为此，我们系统梳理了与秸秆还田等综合利用相关的法律法规及政策措施，以期对秸秆还田工作在制度保障上有更清晰的认识。

一、国家及地方相关法律法规

（一）相关法律

　　1.《中华人民共和国乡村振兴促进法》，2021 年 4 月 29 日第十三届全国人民代表大会常务委员会第二十八次会议通过。

第四十条："地方各级人民政府及其有关部门应当采取措施，推进废旧农膜和农药等农业投入品包装废弃物回收处理，推进农作物秸秆、畜禽粪污的资源化利用。"

2.《中华人民共和国长江保护法》，2020 年 12 月 26 日经第十三届全国人民代表大会常务委员会第二十四次会议通过。

第四十八条："国家加强长江流域农业面源污染防治。长江流域农业生产应当科学使用农业投入品，减少化肥、农药施用，推广有机肥使用，科学处置农用薄膜、农作物秸秆等农业废弃物。"

3.《中华人民共和国黄河保护法》，2022 年 10 月 30 日经第十三届全国人民代表大会常务委员会第三十七次会议通过。

第八十一条："黄河流域农业生产经营者应当科学合理使用农药、化肥、兽药等农业投入品，科学处理、处置农业投入品包装废弃物、农用薄膜等农业废弃物，综合利用农作物秸秆，加强畜禽、水产养殖污染防治。"

4.《中华人民共和国固体废物污染环境防治法》（修订版），2020 年 4 月 29 日经第十三届全国人民代表大会常务委员会第十七次会议审议通过。

第六十五条："产生秸秆、废弃农用薄膜、农药包装废弃物等农业固体废物的单位和其他生产经营者，应当采取回收利用和其他防止污染环境的措施。"

5.《中华人民共和国大气污染防治法》于 2018 年 10 月 26 日经第十三届全国人民代表大会常务委员会第六次会议第二次修正。

第七十六条："各级人民政府及其农业行政等有关部门应当鼓励和支持采用先进适用技术，对秸秆、落叶等进行肥料化、饲料化、能源化、工业原料化、食用菌基料化等综合利用，加大对秸秆还田、收集一体化农业机械的财政补贴力度。"

6.《中华人民共和国循环经济促进法》，2008 年 8 月 29 日经第十一届全国人民代表大会常务委员会第四次会议审议通过。根据

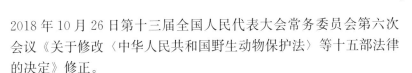

2018 年 10 月 26 日第十三届全国人民代表大会常务委员会第六次会议《关于修改〈中华人民共和国野生动物保护法〉等十五部法律的决定》修正。

第三十四条："国家鼓励和支持农业生产者和相关企业采用先进或者适用技术，对农作物秸秆等进行综合利用，开发利用沼气等生物质能源。"

7.《中华人民共和国土壤污染防治法》，2018 年 8 月 31 日经第十三届全国人民代表大会常务委员会第五次会议审议通过。

第二十九条：

"国家鼓励和支持农业生产者采取下列措施：

（一）使用低毒、低残留农药以及先进喷施技术；

（二）使用符合标准的有机肥、高效肥；

（三）采用测土配方施肥技术、生物防治等病虫害绿色防控技术；

（四）使用生物可降解农用薄膜；

（五）综合利用秸秆、移出高富集污染物秸秆；

（六）按照规定对酸性土壤等进行改良。"

8.《中华人民共和国环境保护法》，1989 年 12 月 26 日经第七届全国人民代表大会常务委员会第十一次会议审议通过。修订版于 2014 年 4 月 24 日经第十二届全国人民代表大会常务委员会第八次会议审议通过。

第四十九条："各级人民政府及其农业等有关部门和机构应当指导农业生产经营者科学种植和养殖，科学处置农作物秸秆等农业废弃物，防止农业面源污染。"

9.《中华人民共和国农业法》，1993 年 7 月 2 日经第八届全国人民代表大会常务委员会第二次会议通过。修订版于 2002 年 12 月 28 日第九届全国人民代表大会常务委员会第三十一次会议。

第六十五条："农产品采收后的秸秆及其他剩余物质应当综合利用，妥善处理，防止造成环境污染和生态破坏。"

（二）地方性法规

1.《关于促进农作物秸秆综合利用的决定》，2009 年 5 月 20 日经江苏省第十一届人民代表大会常务委员会第九次会议审议通过。根据 2018 年 11 月 23 日江苏省第十三届人民代表大会常务委员会第六次会议《关于修改〈江苏省湖泊保护条例〉等十八件地方性法规的决定》修正。

2.《关于促进农作物秸秆综合利用和禁止露天焚烧的决定》，2018 年 9 月 30 日经山西省第十三届人民代表大会常务委员会第五次会议审议通过。

3.《关于促进农作物秸秆综合利用和禁止露天焚烧的决定》，2015 年 5 月 29 日经河北省第二十届人民代表大会常务委员会第十五次会议审议通过。修订版于 2018 年 7 月 27 日经河北省第十三届人民代表大会常务委员会第四次会议审议通过。

4.《关于农作物秸秆露天禁烧和综合利用的决定》，2017 年 9 月 29 日经吉林省第十二届人民代表大会常务委员会第三十七次会议审议通过。

5.《浙江省农业废弃物处理与利用促进办法》，2010 年 9 月 14 日浙江省人民政府令第 278 号公布，2017 年 9 月 22 日浙江省人民政府令第 357 号修订，自 2010 年 11 月 1 日起施行。

6.《江西省人民代表大会常务委员会关于农作物秸秆露天禁烧和综合利用的决定》，2017 年 11 月 30 日经江西省第十二届人民代表大会常务委员会第三十六次会议审议通过。

7.《关于农作物秸秆综合利用和露天禁烧的决定》，2017 年 1 月 20 日经天津市第十六届人民代表大会第六次会议审议通过。

8.《关于农作物秸秆露天禁烧和综合利用的决定》，2015 年 2 月 1 日，湖北省第十二届人民代表大会第三次会议审议通过。

二、秸秆综合利用相关政策文件

1. 2008 年 7 月 27 日，《国务院办公厅关于加快推进农作物秸秆综合利用的意见》（国办发〔2008〕105 号）明确提出："对秸秆发电、秸秆气化、秸秆燃料乙醇制备技术以及秸秆收集储运等关键技术和设备研发给予适当补助。对秸秆还田、气化技术应用和固化成型燃料等给予适当资金支持。对秸秆综合利用企业和农机服务组织购置秸秆处理机械给予信贷支持。把秸秆综合利用列入国家产业结构调整和资源综合利用鼓励与扶持的范围，针对秸秆综合利用的不同环节和不同用途，制定和完善相应的税收优惠政策。完善秸秆发电等可再生能源价格政策。"

2. 2008 年 8 月，财政部、国家税务总局、国家发展和改革委员会联合印发《资源综合利用企业所得税优惠目录》，对利用秸秆等生产电力、热力及燃气，实行所得税优惠。

3. 2013 年 5 月，国家发展和改革委员会、农业部、环境保护部联合印发《关于加强农作物秸秆综合利用和禁烧工作的通知》，明确指出："加大对农作物收获及秸秆还田收集一体化农机的补贴力度，扩大秸秆养畜、保护性耕作、秸秆代木、能源化利用等秸秆综合利用规模；探索秸秆综合利用重点区域支持政策；研究建立秸秆还田或打捆收集补助机制等。"

4. 安徽省人民政府办公厅关于进一步做好秸秆禁烧和综合利用工作的通知（皖政办〔2015〕20 号）明确提出："广泛开展秸秆科学还田示范。开展水稻秸秆全量粉碎还田油菜保苗全苗农机农艺配套技术、小麦秸秆全量粉碎还田玉米保苗全苗农机农艺配套技术等研究及示范。开展农作物秸秆长期还田情况下土壤肥力水平、重金属积累、温室气体排放、土壤微生物变化、病虫草害变化等研究，提出相应技术措施，为农业生产和环境安全提供技术保障。积极推广高温堆肥新技术、新方法。并着力解决好成本问题。完善农机购置补贴政策。各地在落实中央农机购置补贴基础上，要整合项目和资金，加大对 80 马力以上拖拉机和配套秸秆还田与离田等专业机具的叠加补贴力度。继续实施农机报废更新补贴，鼓励购置大型复合机具，提升农机装备水平。"

5. 2015年6月，财政部、国家税务总局联合印发《资源综合利用产品和劳务增值税优惠目录》（财税〔2015〕78号），明确对利用农作物秸秆做纸浆、秸秆浆和纸退税50%。

6. 2015年11月，国家发展和改革委员会、财政部、农业部和环境保护部联合印发《关于进一步加快推进农作物秸秆综合利用和禁烧工作的通知》，明确加大秸秆有机肥、秸秆还田、秸秆养畜补贴力度，以及对秸秆综合利用项目给予支持。秸秆收储设施用地尽量利用存量建设用地、空闲地、废弃地等，原则上按临时用地管理。粮棉主产区和大气污染防治重点地区秸秆捡拾、打捆等初加工用电纳入农业生产用电价格政策范围，降低秸秆初加工成本。落实好秸秆综合利用税收优惠政策。研究将符合条件的秸秆综合利用产品列入节能环保产品政府采购清单和资源综合利用产品目录。鼓励银行业金融机构结合秸秆综合利用项目特点，为秸秆收储和加工利用企业提供金融信贷支持。

7. 关于推进秸秆机械化还田工作的通知（鄂农机发〔2015〕9号）。

8. 2017年3月1日，安徽省人民政府印发《关于大力发展以农作物秸秆资源利用为基础的现代环保产业的实施意见》（皖政〔2017〕29号），明确提出：

"不断优化还田利用体系。包括：改进还田方式。针对农作物品种和耕作模式，科学采用粉碎还田、深翻深耕轮作等方式，提高耕地质量，提升利用效果，有条件的地方每2～3年要进行一次机械化还田后的耕地深翻作业。探索实行轮作休耕制度。鼓励秸秆腐熟剂研发和秸秆生物有机肥生产，实现养分资源循环利用；提升还田服务水平。因地制宜发展稻麦联合收割机加装粉碎装置、秸秆灭茬机、秸秆掩埋深翻犁等秸秆还田适用机械装备。积极发展农机设备租赁产业。以省级现代农业示范县和现代生态农业产业化示范市、县为重点，稳步开展秸秆机械化还田示范基地建设，规范技术工艺流程，促进农机装备、农业技术、农业信息化融合发展，确保秸秆还田效果；推广还田配套技术。在小麦茬玉米主产区加快推广应用麦茬玉米免耕直播技术，鼓励购置免耕直播复式作业机械，实现在小麦板茬上一次性完成开沟、播种、覆土、镇压等多项作业工序。在淮北、亳州、宿州、蚌埠、阜阳市各选择 1～2 个县作为示范县，示范县到 2020 年实现免耕直播技术全覆盖。加强小麦赤霉病等病害流行发生规律研究，采取切实可行措施，降低菌源基数，控制赤霉病发生。"

9. 2018 年 2 月 22 日，农业部办公厅和财政部办公厅联合印发《2018—2020 年农机购置补贴实施指导意见》，明确中央财政资金全国农机购置补贴机具种类范围为 15 大类 42 小类 137 个品目；各地可根据农业生产实际需要和补贴资金规模，从上述补贴范围中选取确定本省补贴机具品目，实行敞开补贴；并要求各地优先保证深松整地、免耕播种、秸秆还田离田等支持农业绿色发展机具的补贴需要；同时鼓励农民购买大型拖拉机、带有秸秆还田装置的联合收割机，带有旋耕灭茬、秸秆粉碎、免耕播种、镇压等装置的联合整地播种机，开展复式作业。

10. 2021 年 3 月 12 日，农业农村部办公厅和财政部办公厅联合印发《2021—2023 年农机购置补贴实施指导意见》，明确补贴机具种类包括秸秆粉碎还田机、搂草机、打（压）捆机、圆草捆包膜机、青饲料收获机、秸秆压块（粒、棒）机、秸秆膨化机、秸秆收集机等秸秆利用农用机械。

11. 2021 年 5 月 11 日，江苏省农业农村厅印发《2021 年全省秸秆机械化还田暨生态型犁耕深翻还田工作实施指导意见》（苏农机〔2021〕7 号），明确指出，扎实实施秸秆机械化还田政策，加大秸秆深翻还田力度。按"大专项＋任务清单"进行管理，列为"约束性任务"。省级作业补助资金单项下达，包干使用，实行作业直补。采取"对象明确、村镇审核、第三方核查、县级结算、直补到卡"的操作方式。省级补助覆盖所有实施三麦、水稻秸秆机械化还田的县（市、区）。

12.2021 年 12 月 24 日，广西壮族自治区人民政府办公厅印发《广西加快农作物秸秆综合利用工作方案（2021—2025 年）》（桂政办发〔2021〕139 号），明确提出："在双季稻主产区建设一批水稻秸秆腐熟还田循环培肥示范区，通过秸秆粉碎还田、腐熟还田、套种绿肥等措施，提升耕地肥力。到 2025 年，全区每年建成 300 亩以上的水稻秸秆腐熟还田循环培肥示范区超过 100 个。"

第二节　秸秆还田有关技术标准

我国现有秸秆还田相关技术标准 56 项，其中国家标准 8 项，地方标准 36 项，机械行业标准 2 项，农业行业标准 10 项（表 5 - 1）。

表 5 - 1　我国现有还田利用相关技术标准

标准类型	主要内容
国家标准	1.《农用微生物菌剂》（GB 20287—2006）
	2.《保护性耕作机械　浅松机》（GB/T 24675.1—2009）
	3.《保护性耕作机械　深松机》（GB/T 24675.2—2009）
	4.《保护性耕作机械　弹齿耙》（GB/T 24675.3—2009）
	5.《保护性耕作机械　第 4 部分：圆盘耙》（GB/T 24675.4—2021）
	6.《保护性耕作机械　第 5 部分：根茬粉碎还田机》（GB/T 24675.5—2021）
	7.《保护性耕作机械　第 6 部分：秸秆粉碎还田机》（GB/T 24675.6—2020）
	8.《农作物秸秆炭化还田土壤改良项目运营管理规范》（GB/Z 39121—2020）
机械行业标准	1.《秸秆粉碎还田机·锤爪》（JB/T 10813—2007）
	2.《联合收割机配套用秸秆切碎抛撒还田机》（JB/T 13852—2020）
农业行业标准	1.《有机肥料》（NY 525—2012）
	2.《有机物料腐熟剂》（NY 609—2002）
	3.《生物有机肥》（NY 884—2012）
	4.《秸秆粉碎还田机　质量评价技术规范》（NY/T 1004—2020）
	5.《秸秆腐熟菌剂腐解效果评价技术规程》（NY/T 2722—2015）

（续）

标准类型	主要内容
农业行业标准	6.《生物炭基肥料》(NY/T 3041—2016)
	7.《水稻联合收割机作业质量》(NY/T 498—2013)
	8.《秸秆还田机作业质量》(NY/T 500—2002)
	9.《秸秆还田机修理技术条件》(NY/T 504—2016)
	10.《根茬粉碎还田机 作业质量》(NY/T 985—2019)
地方标准	1.《机械化秸秆粉碎还田技术规程》(DB13/T 1045—2009)
	2.《水稻秸秆还田技术规程》(DB13/T 2985—2019)
	3.《玉米机械化秸秆还田轮耕技术规程》(DB14/T 1593—2018)
	4.《内蒙古东部旱作区玉米秸秆覆盖还田保墒减蒸技术规程》(DB15/T 1532—2018)
	5.《玉米秸秆深翻还田技术规范》(DB15/T 1794—2020)
	6.《河套灌区小麦秸秆粉碎翻压还田技术规程》(DB15/T 1808—2020)
	7.《棚室秸秆生物反应堆内置式技术规程》(DB21/T 1895—2022)
	8.《露地秸秆生物反应堆技术规程》(DB21/T 2302—2014)
	9.《水稻秸秆还田机械化作业技术规范》(DB21/T 2791—2017)
	10.《玉米秸秆还田机械化作业技术规程》(DB21/T 3149—2019)
	11.《生物炭直接还田技术规程》(DB21/T 3314—2020)
	12.《秸秆有机肥料田间积造技术规范》(DB23/T 1838—2017)
	13.《黑土区大豆玉米轮作下秸秆还田技术规范》(DB23/T 1842—2017)
	14.《黑龙江省北部大豆小麦轮作机械化秸秆还田技术规程》(DB23/T 2046—2017)
	15.《旱田作物秸秆粉碎集条机械翻埋还田技术规程》(DB23/T 2511—2019)
	16.《水稻秸秆还田氮肥合理配施技术规程》(DB23/T 2558—2020)
	17.《水稻反转式旋耕秸秆全量还田技术规程》(DB23/T 2608—2020)
	18.《玉米秸秆覆盖条耕技术规程》(DB23/T 2678—2020)
	19.《水稻秸秆机械化全量还田技术规范》(DB31/T 1285—2021)

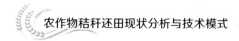

（续）

标准类型	主要内容
地方标准	20.《秸秆还田机械 操作规程》（DB32/T 1174—2017）
	21.《稻麦秸秆切碎抛撒还田机作业质量评价技术规范》（DB32/T 2140—2012）
	22.《稻麦秸秆地犁翻旋耕联合作业耕整机 操作规程》（DB32/T 3568—2019）
	23.《秸秆有机肥制作技术规程》（DB32/T 3626—2019）
	24.《黄淮平原区小麦秸秆机械化直接还田与配套技术规程》（DB37/T 1427—2009）
	25.《设施蔬菜秸秆还田技术规程》（DB37/T 4107—2020）
	26.《小麦秸秆粉碎还田技术规程》（DB41/T 1250—2016）
	27.《玉米秸秆粉碎还田技术规程》（DB41/T 1251—2016）
	28.《玉米秸秆快速腐熟技术规程》（DB4104/T 097—2019）
	29.《秸秆还田机械化 第1部分：水稻秸秆作业技术规范》（DB42/T 1171.1—2016）
	30.《秸秆还田机械化 第2部分：小麦秸秆作业技术规范》（DB42/T 1171.2—2016）
	31.《秸秆还田机械化 第3部分：油菜秸秆作业技术规范》（DB42/T 1171.3—2016）
	32.《水旱高茬秸秆还田旋耕机 作业质量》（DB42/T 1657—2021）
	33.《内置式秸秆生物反应堆技术规范》（DB61/T 958—2015）
	34.《秸秆还田机技术操作规程及作业质量验收标准》（DB62/T 1532—2007）
	35.《设施蔬菜秸秆生物反应堆技术规程》（DB64/T 972—2014）

第六章 推动秸秆科学还田的思路措施

秸秆是农业生产的副产物，也是重要的农业资源。秸秆形成的过程需要从农田中吸收大量营养元素，将秸秆归还到土壤中，可以分解释放出大量有机物质和养分，实现培肥土壤、稳产增产的目的，符合农业绿色低碳、生态循环的发展要求。目前，还田是秸秆最主要的利用方式，如何实现科学还田，最大限度发挥秸秆的沃土功能及增产功能，并有效规避不利影响，需要从"科学"二字上下功夫。

一、科学定位

一是以推动保障耕地质量和粮食安全为首要目标。农作物秸秆从土壤中来，还田的本质是把营养元素归还到土壤中去，是最合理的有机质归还路径，目前的研究和实践都表明，长期秸秆还田能够有效提升土壤养分和有机质含量，重构健康土壤生态系统。因此，秸秆还田理应成为"实施耕地有机质提升行动"的重要一环，自觉定位于"落实耕地保护制度""加强耕地质量建设"的战略高度，并最终服务于"保障粮食和重要农产品稳定安全供给"这件"建设农业强国的头等大事"。

二是理性看待秸秆还田面临的问题挑战。以植物残体培肥土壤的做法历史悠久，《诗经·良耜》就有"荼蓼朽止，黍稷茂止"的记载，意为田间杂草腐烂后可作肥料，促进农作物的生长。古时生产力低下，秸秆多被用作垫料或炊事燃料，养地用杂草代之。最近二三十年，随着粮食产能的提升，秸秆资源也迅速丰富，在高值化

171

离田利用途径有限的形势下，还田是秸秆利用最重要的方式。因此，从历史角度来看，秸秆还田本身是经受住了农耕历史考验的正确举措，这是一项古老而常新的工作，怎么还、还多少、何时还、怎样规避还田可能带来的负面生态环境效应等，只是需要寻求科技突破的阶段性问题。

三是保持战略定力久久为功持续推进。一方面，要深刻认识秸秆还田重要战略意义，坚定持续推进秸秆还田的信心和决心，用发展的眼光看待可能与秸秆还田相关的病虫害、温室气体排放等负面影响，随着科研的深入和技术手段的推进，相关问题能够得到妥善解决。如近期中国农业大学与生态总站的联合研究结果表明，优化秸秆还田率可以实现我国水稻增产与固碳减排双赢。另一方面，秸秆还田正处于科技探索攻关期，需要给予更多的耐心和定力。我国秸秆还田强度创历史新高，不同区域不同种植制度下面临的秸秆还田形势复杂多样，要全面解决问题还有很长的路要走。一些难题的解决需要时间的积累，如秸秆还田长时间尺度的生态环境效应，需要有十几年甚至更长时间的连续监测，短期监测往往难以说明问题。

二、科学布局

一是关注重点区域及主要作物探索秸秆高效还田技术路径。目前，秸秆还田需要关注的重点区域包括东北、黄淮海及长江中下游地区，主要作物为玉米、水稻、小麦三大粮食作物及油菜、棉花等经济作物。东北地区秸秆资源量大，秸秆还田强度高，还田后很快进入霜冻季节，腐解困难。黄淮海小麦—玉米轮作区小麦收获后短期内就要进行下茬玉米播种，秸秆还田茬口期短，作业强度高。长江中下游地区复种指数高，同样面临秸秆还田茬口期短的问题。解决以上问题，需要根据区域作物类型、降水条件、种植制度等因素选择适宜的还田技术，必要时配施秸秆高效腐解剂，形成综合技术路径。

二是瞄准秸秆还田重点方向开展科技攻关。围绕秸秆还田核心问题，关注秸秆自然腐解周期长、还田作业成本高等难点问题，聚焦社会关注度较高、基层反映强烈的病虫害、田面水环境污染、温室气体排放、土壤酸化、前期作物与土壤微生物争养分及后期土壤养分过剩等热点方向，组织专家团队分析研判可能与秸秆还田相关的具体问题，启动秸秆高质量还田科技创新工程，依托国家重点研发计划等开展联合攻关，以攻关结果推进相关问题的突破和解决。

三是聚焦秸秆还田长期生态环境效应建设监测网络。从时间和空间两个维度同向发力。在时间上，引导各实施团队做好开展定位监测的中长期规划，锚定秸秆还田长期生态环境效应监测目标，不断优化指标体系和监测方法，推进长期监测网络建设。在空间上，推动西北、西南等监测点位较少的区域增加点位布设，逐步构建覆盖主要农区、主要农作物的监测网络。同时，将长期定位监测与秸秆综合利用重点县还田监测结合起来，一体推进，形成优势互补、数据共享的监测机制。

三、科学施策

一是强调因地制宜、分区施策。我国具有广阔的地域和多样的气候条件，对应的种植制度、秸秆类型和茬口情况也丰富多样，不同区域面临的秸秆还田形势差别较大。如东北地区秸秆量大面广，但是秋收后很快进入霜冻期，还田秸秆腐解困难。长江中下游地区水稻—油菜轮作茬口紧，还田秸秆不能及时腐解会影响下茬作物种植。而在西北地区，由于畜牧业发达，对秸秆饲料的需求量大，主要粮食作物秸秆不存在还田难题。因此，秸秆还田从指导思想上要坚持"全国一盘棋"，但从技术指导和政策支持层面则要因地制宜、分区域分作物精准施策。充分考虑各地资源禀赋、产业实际、农民接受度等情况，宜还则还、宜离则离、宜禁则禁、宜放则放，确保秸秆相关政策措施、工作打法契合客观实际、符合农民需求。

二是将典型引领与农民自主相结合。近年来，国内秸秆还田地方典型经验模式不断涌现。如北大荒农垦集团在黑龙江二道河农场推行直接抛撒还田与二次粉碎相结合，以秸秆全量还田为基础，配套应用搅浆整地、侧深施肥、有机肥替代、标准化格田改造等综合技术，取得良好还田成效。要加强各区域典型经验模式的总结推广，发挥示范引领作用。此外，我国秸秆还田工作起步晚，要充分发挥后发优势。欧美日韩等国家成功的还田模式不一定灵，但是先进的理念、方法仍然值得我们借鉴，需要研究吃透、活学活用。科学家和大农场的先进技术要吸收，广大农民的智慧和经验也要充分考虑。农民是直接在一线与田地打交道的，种地养地都有"小账本"，对秸秆怎么还、还多少能在经济和成效上平衡都有数。秸秆科学还田的推进归根结底需要依靠农民来实现，制定政策时要充分倾听他们的诉求，考虑小农户、分散田块的实际情况，调动农民的积极性和主动性。

三是注重扶持政策的持续性和稳定性。持续性体现在相关的支持政策要一以贯之，不见实效不收兵。例如还田监测本身就是一项需要谋长远的工作，样点的选取、布设、本底值的调查在前期需要花费大量工夫，且监测技术方案需要根据实际运行情况不断优化。如果还田监测支持政策来也匆匆、去也匆匆，会造成严重的资源浪费，更无法获得可靠的监测结果。稳定性体现在秸秆还田新理念、新技术、新方法要谨慎推广。还田的技术最终是要落到实践上，农民赖以生存的田地不能翻烧饼式地折腾，新技术、新方法要验证了再下地。从生产一线汲取经验的口子要敞开，推广应用新技术的态度却要谨慎。

四、科学宣传

尽管秸秆还田仍存在一些作物生产和环境问题，但是其地力提升、资源利用、环境保护等正面效应是不用质疑的。目前社会舆论过于关注秸秆还田的负面效应，甚至夸大负面问题，误导社会对秸秆还田的认识。政府主管部门和科技人员应该加大科普宣传力度，正确引导社会舆论，科学认识秸秆还田。

一是做好宣传规划。立足秸秆还田工作面临的热点难点问题和重点任务等，列好宣传规划表。策划宣传主题，组织相关专家以科

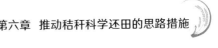

普文章、视频采访等形式答疑解惑，主动出击，回应公众关切。及时跟进高校及科研院所最新研究进展，以通俗易懂的语言宣传推介相关科技成果。及时总结地方秸秆还田典型，用短视频、图文等群众喜闻乐见的方式宣传实践经验，推动秸秆还田技术进村入户。

二是提高宣传精度。准确把握广大农户、研究人员及农业管理者等不同群体的实际需求，有针对性地对技术、农机、科研、政策等进行宣传引导。在宣传内容上，要严格审核把关，确保科学合理，对当前秸秆还田面临的挑战、可能存在的问题进行客观分析，对取得的重要突破和进展要冷静对待，宣传口径要留有空间，不夸大不虚浮。

三是下沉宣传渠道。在利用好电视、报纸等传统媒体的基础上，要充分整合新媒体资源，用广大农户易接受、更认可的形式讲好秸秆还田故事。发掘优质农民合作社、种植大户等自媒体资源，发挥一线农户在传播秸秆还田实践经验的优势，积极转发相关图文视听资料，实现以点带面、以农带农。

参考文献

毕于运，王亚静，2017. 经验与启示：发达国家农作物秸秆计划焚烧与综合利用［M］. 北京：中国农业科学技术出版社．

陈丽鹃，周冀衡，陈闯，等，2018. 秸秆还田对作物土传病害的影响及作用机制研究进展［J］. 作物研究，32（6）：535-540.

丛宏斌，孟海波，于佳动，2021. "绿色"引领下东北地区秸秆产业发展长效机制解析［J］. 农业工程学报，37（13）：314-321.

董颖，2018. 不同地区油菜秸秆生物质炭改良红壤酸度的差异性研究［D］. 洛阳：河南科技大学．

高俊，汪慧泉，顾东祥，等，2023. 秸秆还田对土壤生态及农作物生长发育影响的研究进展［J］. 中国农学通报，39（30）：87-93.

苟丽琼，姚恒，王戈，等，2019. 稻草不同还田方式对土壤动物群落结构的影响［J］. 浙江农业学报，31（3）：450-457.

顾鑫，2024. 秸秆还田对苏打盐碱土 pH、电导率及玉米生长的影响［J］. 青海农林科技（2）：104-107.

韩剑锋，2012. 农机购置补贴政策的有效性及运行机制研究［D］. 咸阳：西北农林科技大学．

侯素素，董心怡，戴志刚，等，2023. 基于田间试验的秸秆还田化肥替减潜力综合分析［J］. 农业工程学报，39（5）：70-78.

金攀，2010. 美国保护性耕作发展概况及发展政策［J］. 农业工程技术（农产品加工业）（11）：23-25.

兰时乐，2009. 鸡粪与油菜秸秆好氧高温堆肥研究［D］. 长沙：湖南农业大学．

李长生，2000. 土壤碳储量减少：中国农业之隐患：中美农业生态系统碳循环对比研究［J］．第四纪研究（4）：345-350．

李红宇，王志君，范名宇，等，2021，秸秆连续还田对苏打盐碱水稻土养分及真菌群落的影响［J］．干旱地区农业研究，39（2）：15-23．

李继福，鲁剑巍，任涛，等，2014．稻田不同供钾能力条件下秸秆还田替代钾肥效果［J］．中国农业科学，47（2）：292-302．

李天娇，卓富彦，陈冉冉，等，2022．秸秆还田对玉米病虫草害影响的研究进展［J］．中国植保导刊，42（1）：23-29．

连泽晨，2016．绿肥和秸秆还田对水稻产量、养分吸收及土壤肥力的影响［D］．武汉：华中农业大学．

林兴路，2014．促进保护性耕作法律制度研究［D］．咸阳：西北农林科技大学．

刘鹏，王春雷，王宪良，等，2020．美国耕作模式发展历程及现状［J］．农机科技推广（3）：54-55．

刘秋霞，戴志刚，鲁剑巍，等，2015．湖北省不同稻作区域秸秆还田替代钾肥效果［J］．中国农业科学，48（8）：1548-1557．

罗亦夫，2023，秸秆归还形态对土壤生物功能群及作物生长的影响［J］．沈阳：辽宁大学．

吕开宇，仇焕广，白军飞，等，2013．中国玉米秸秆直接还田的现状与发展［J］．中国人口·资源与环境，23（3）：6．

裴志福，红梅，兴安，等，2021，秸秆还田条件下盐渍土团聚体中有机碳化学结构特征［J］．应用生态学报，32（12）：4401-4410．

覃诚，毕于运，高春雨，等，2018．美国农业焚烧管理对中国秸秆禁烧管理的启示［J］．资源科学，40（12）：2382-2391．

饶继翔，陈昊，吴兴国，等，2020．不同秸秆还田方式对土壤线虫群落特征的影响［J］．农业环境科学学报，39（10）：2473-2480．

饶越悦，周顺利，黄毅，等，2023．秸秆富集深层还田对农田土壤质量影响的研究进展［J］．中国生态农业学报（中英文），31（10）：1579-1587．

任洪利，张婷，张沁怡，等，2022．秸秆还田与土壤微生物组健康［J］．福建师范大学学报（自然科学版），38（5）：79-85．

石祖梁，王飞，王久臣，等，2019．我国农作物秸秆资源利用特征、技术模式及发展建议［J］．中国农业科技导报，21（5）：8-16．

思远，2010．美国发展保护性耕作的做法及启示［J］．当代农机（10）：52-53．

宋慧宁，2023. 连年玉米秸秆还田对土壤养分和土壤细菌、真菌群落结构的影响［D］. 长春：吉林大学.

苏尧，叶苏梅，鲁梦醒，等，2023. 整合分析秸秆还田对农田杂草多度和多样性的影响［J］. 草业学报，33（3）：150-160.

王月宁，冯朋博，李荣，等，2019. 不同秸秆还田方式对宁夏扬黄灌区土壤性质及玉米生长的影响［J］. 西南农业学报，32（11）：2607-2614.

吴玉德，张旭，关法春，等，2023. 寒地水稻秸秆还田对土壤生态环境影响的研究进展［J］. 江苏农业科学，51（15）：1-8.

夏龙龙，遆超普，朱春梧，等，2023. 中国粮食生产的温室气体减排策略以及碳中和实现路径［J］. 土壤学报，60（5）：1277-1288.

谢杰，邵敬森，孙宁，等，2022. 日本农作物秸秆综合利用经验借鉴［J］. 中国农业资源与区划，43（9）：116-125.

熊航，2023. 欧盟制定"地板"标准，成员国为焚烧秸秆"划圈"［J］. 农民文摘，2023（5）：64.

杨滨娟，钱海燕，黄国勤，等，2012. 秸秆还田及其研究进展［J］. 农学学报，2（5）：1-4.

杨家伟，白彤硕，吴彬，等，2023. 秸秆还田对中国农田土壤节肢动物数量及多样性影响的整合分析［J］. 生态学报，43（5）：2013-2023.

曾福生，2020. 日本、韩国及我国台湾地区农业现代化与湖南之比较研究［J］. 湖南农业大学学报：社会科学版，21（2）：1-7，19.

张杰，张艳，2023. 秸秆还田对农作物病虫害的影响及防治对策［J］. 中国植保导刊，43（1）：59-61.

张曼玉，杨海昌，张凤华，等，2022. 秸秆还田方式对盐碱土壤微观结构和理化性质的影响［J］. 节水灌溉（5）：65-70.

张旭，邢思文，吴玉德，2023. 不同秸秆还田方式对农田生态环境的影响综述［J］. 江苏农业科学，51（7）：31-39.

张叶叶，莫非，韩娟，等，2021. 秸秆还田下土壤有机质激发效应研究进展［J］. 土壤学报，58（6）：1381-1392.

赵哲萱，冉成，孟祥宇，等，2023. 秸秆还田对苏打盐碱稻区土壤团聚体分布及有机碳含量的影响［J］. 吉林农业大学学报，45（5）：582-591.

赵子婧，孙建平，戴相林，等，2022. 秸秆还田结合减量施肥对水稻产量和土壤养分的影响［J］. 江苏农业科学，50（10）：66-71.

周应恒，张晓恒，严斌剑，2015. 韩国秸秆焚烧与牛肉短缺问题解困探究［J］.

世界农业（4）：152-154.

周正萍，田宝庚，陈婉华，等，2021. 不同耕作方式与秸秆还田对土壤养分及小麦产量和品质的影响［J］. 作物杂志（3）：78-83.

朱晶，2019. 秸秆还田对苏打盐碱地稻田土壤理化性质及土壤酶活性的影响［D］. 长春：吉林农业大学.

朱兴娟，李桂花，涂书新，等，2018. 秸秆和秸秆炭对黑土肥力及氮素矿化过程的影响［J］. 农业环境科学学报，37（12）：2785-2792.

Che W，Piao J，Gao Q，et al.，2023 Response of soil physicochemical properties，soil nutrients，enzyme activity and rice yield to rice straw returning in highly saline-alkali paddy soils［J］. Journal of Soil Science and Plant Nutrition，23（3）：4396-4411.

Han Y，Ma W，Zhou B，et al.，2020. Effects of straw-return method for the maize-rice rotation system on soil properties and crop yields［J］. Agronomy，10（4）：461.

Huang R，Lan M L，Liu J，et al.，2017. Soil aggregate and organic carbon distribution at dry land soil and paddy soil：the role of different straws returning［J］. Environmental Science and Pollution Research，24（36）：27942-27952.

Huang T，Yang N，Lu C，et al.，2021 Soil organic carbon，total nitrogen，available nutrients，and yield under different straw returning methods［J］. Soil and Tillage Research，214：105171.

Islam M U，Guo Z，Jiang F et al.，2022. Does straw return increase crop yield in the wheat-maize cropping system in China？A meta-analysis［J］. Field Crops Research，279：108447.

Jiang Y，Qian H，Huang S，et al.，2019. Acclimation of methane emissions from rice paddy fields to straw addition［J］. Science advances，5（1）：9038.

Jin Z，Shah T，Zhang L，et al.，2020. Effect of straw returning on soil organic carbon in rice-wheat rotation system：a review［J］. Food and Energy Security，9（2）：200.

Li C，2000. Loss of soil carbon threatens Chinese agriculture：a comparison on agroecosystem carbon pool in China and the US［J］. Quaternary Sciences，20（4）：345-350.

Li H, Dai M, Dai S, et al., 2018. Current status and environment impact of direct straw return in China's cropland: a review [J]. Ecotoxicology and Environmental Safety, 159: 293-300.

Liang F, Li B, Vogt R D, et al., 2023. Straw return exacerbates soil acidification in major Chinese croplands [J]. Resources, Conservation and Recycling, 198: 107176.

Liu J, Fang L, Qiu T, et al., 2023. Crop residue return achieves environmental mitigation and enhances grain yield: a global meta-analysis [J]. Agronomy for Sustainable Development, 43 (6): 78.

Liu X, Zhou F, Hu G, et al., 2019. Dynamic contribution of microbial residues to soil organic matter accumulation influenced by maize straw mulching [J]. Geoderma, 333: 35-42.

Liu Y L, Yan G, Wu C S, et al., 2022. Short-term straw returning improves quality and bacteria community of black soil in Northeast China [J]. Polish Journal of Environmental Studies, 31 (2): 1869-1883.

Ma J, Ma E, Xu H, et al., 2009. Wheat straw management affects CH_4 and N_2O emissions from rice fields [J]. Soil Biology and Biochemistry, 41 (5): 1022-1028.

Salam A, Shaheen S M, Bashir S, et al., 2019. Rice straw- and rapeseed residue-derived biochars affect the geochemical fractions and phytoavailability of Cu and Pb to maize in a contaminated soil under different moisture content [J]. Journal of Environmental Management, 237: 5-14.

Shi W, Fang Y R, Chang Y, et al., 2023. Toward sustainable utilization of crop straw: greenhouse gas emissions and their reduction potential from 1950 to 2021 in China [J]. Resources, Conservation and Recycling, 190: 106824.

Yang C D, Liu J J, Lu S G, 2021. Pyrolysis temperature affects pore characteristics of rice straw and canola stalk biochars and biochar-amended soils [J]. Geoderma, 397: 115097.

Yang L, Muhammad I, Chi Y X, et al., 2022. Straw return and nitrogen fertilization to maize regulate soil properties, microbial community, and enzyme activities under a dual crop system [J]. Frontiers in Microbiology, 13: 823963.

Yang Y, Long Y, Li S, et al. , 2023. Straw return decomposition characteristics and effects on soil nutrients and maize yield [J] . Agriculture, 13 (8): 1570.

Yu F, Chen Y, Huang X, et al. , 2023. Does straw returning affect the root rot disease of crops in soil? A systematic review and meta-analysis [J] . Journal of Environmental Management, 336: 117673.

Yuan R, Si T R, Lu Q Q, et al. , 2023. Rape straw biochar enhanced Cd immobilization in flooded paddy soil by promoting Fe and sulfur transformation [J] . Chemosphere, 339: 139652.

Zhao B W, Xu R Z, Ma F F, et al. , 2016. Effects of biochars derived from chicken manure and rape straw on speciation and phytoavailability of Cd to maize in artificially contaminated loess soil [J] . Journal of Environmental Management, 184 (3): 569-574.

图书在版编目（CIP）数据

农作物秸秆还田现状分析与技术模式 / 孙元丰等，主编.
北京：中国农业出版社，2024. 10. -- ISBN 978-7-109-
32654-5

Ⅰ. S141.4

中国国家版本馆 CIP 数据核字第 2024U4Q383 号

农作物秸秆还田现状分析与技术模式
NONGZUOWU JIEGAN HUANTIAN XIANZHUANG FENXI YU JISHU MOSHI

中国农业出版社出版
地址：北京市朝阳区麦子店街 18 号楼
邮编：100125
责任编辑：郭晨茜　　文字编辑：郝小青
版式设计：王　晨　责任校对：吴丽婷
印刷：中农印务有限公司
版次：2024 年 10 月第 1 版
印次：2024 年 10 月北京第 1 次印刷
发行：新华书店北京发行所
开本：880mm×1230mm　1/32
印张：6
字数：167 千字
定价：78.00 元